农产品生产加工中砷的迁移与控制

王　锋　何振艳　顾丰颖　主编

U0255247

中国农业出版社

北　京

编写人员名单

主　　编：王　锋　　何振艳　　顾丰颖

编　　者：王　锋　　何振艳　　顾丰颖　　朱金锦

　　　　　丁雅楠　　王彦淇　　张　帆　　邵之晓

　　　　　张巧真　　尚天成　　杨婷婷　　刘　昊

砷是一种天然存在的类金属元素，在几乎所有的环境和生物中都能发现砷。世界卫生组织国际癌症研究机构于 2012 年将砷及无机砷化合物归为一类致癌物。美国毒物和疾病登记署将砷列为对人类健康危害最大的有毒物质之一。在人类历史上，砷及其化合物被广泛应用于医药、冶金和农业等各个领域，是人类最早研究和利用的化学物质之一。砷多以各种化合物的形式广泛存在于自然界中，可以通过食物链或水体进入人体，通过影响代谢酶活性、脂质过氧化反应、基因表达等方面而产生毒性。长期暴露于含无机砷的食物除了会引起皮肤癌症外，还会引起肺癌和膀胱癌。砷通过食物链的迁移对人体健康造成损害，是人体健康的威胁。

因此，如何去除砷或降低农产品中的砷含量，降低人们对砷的摄入量，始终是人们关注的问题。本书从砷的基本性质、赋存形式和危害入手，阐述了农产品中砷的来源、分析检测方法和限量标准，分析了谷物、食用菌、新鲜果蔬、水产品、中草药、香辛料中砷的加工迁移与消减控制措施，针对易累积砷的稻米籽粒分析了抛光、清洗、浸泡、蒸煮、发酵、添加剂辅助等加工工艺对砷的去除效果，列举了食用菌的干燥、微波、油炸等工艺对砷的去除效果；根据农产品对象的不同阐述了不同的工艺控制效果，提出了要强化农产品生产环境的砷污染风险管控和生产消费过程中农产品砷的风险评估；系统总结了农产品加工过程中砷的迁移及含量的控制措施，旨在为生产指导、消费引导以及科研创新提供参考。

本书的出版得到了国家科技基础性工作专项经费的资助，凝聚了项目组成员顾丰颖、郭波莉、何振艳、丁雅楠、许文秀、魏帅、朱金锦、闫慧莉、张帆等的心血，感谢他们的辛勤付出。由于时间紧、作者水平有限，书中出现不当之处不可避免，恳请读者批评指正。

编 者

2020 年 12 月

目 录

第一章 砷的概述

第一节 砷的介绍

一、砷的基本性质

人类对砷的认识历史悠久。公元前 4 世纪，古希腊著名学者亚里士多德就在其著作中提到了可能是雄黄的物质，称之为 arsenikon，希腊文中 arsen 为强烈的意思，说明当时的希腊人已经知道砷化物的强烈毒性。拉丁文 arsenicum 和 arsenic 正是由这一词演变而来。我国古代文献中称有剧毒的三氧化二砷为砒石，砒字源于"貔"，是古书上说的一种凶猛的野兽。1250 年，欧洲人马格努斯将硫化砷与肥皂一起加热，首次制得元素砷。

砷在自然界中大量存在，是一种类金属有害元素，在元素周期表中位于第四周期、第 VA 族，原子序号为 33，相对原子质量是 74.921 6，化学符号为 As（arsenic）。砷的原子半径为 0.133 nm，原子体积是 13.1 cm^3/mol，电子构型为 $1s^2 2s^2 2p^6 3s^2 3p^6 3d^{10} 4s^2 4p^3$。

自然环境中的砷元素可形成砷单质，包括灰砷、黄砷、黑砷，其中以灰砷最为常见。单质砷熔点为 817 ℃，加热到 613 ℃时便可升华，砷蒸气具有一股难闻的大蒜臭味，当砷蒸气在 360 ℃以上晶析时，可得到六方晶型 α-砷（灰色金属状，相对密度为 5.72）；在 300 ℃以下蒸镀时，得到玻璃状 β-砷（灰色或黑色，相对密度为 4.73）；将砷蒸气骤冷得到正方晶形 γ-砷（黄色，相对密度为 2.03），γ-砷可溶于二硫化碳。

砷单质很活泼，在空气中会被氧化，故高纯砷是用玻璃安瓿充氩气或抽真空后存放或使用的。砷在空气中加热至约 200 ℃时，会发出光亮，加热至 400 ℃时，会燃烧，带蓝色火焰，并形成白色的烟（三氧化二砷），有独特恶臭。砷易与氟和氧化合，也可与硫、铁等元素形成有机或无机化合物，在加热的情况下易与大多数金属和非金属发生反应。有研究表明砷元素参与组成了 240 多种化合物（Allevato et al.，2019）。砷元素与磷元素属于同族元素，具有相似的外层电子排列结构，在土壤中有相近的结构和相似的性质。砷不溶于水，溶于硝酸和王水，也能溶解于强碱，生成砷酸盐。

砷主要以无机砷的形式存在于地球表面。然而，砷在全世界并不是均匀分布的。无机砷可以以 4 个价态存在（−3 价、0 价、+3 价、+5 价），其价态取决于环境条件。在元素地球化学分类表中，砷属于金属矿床的成矿元素族，也属于半金属和重矿化剂族。在地球表面的许多岩石中，砷多以硫化物的形式夹杂在铜、铅、锡、镍、钴、锌、金等的矿石中。常见的含砷矿物有斜方砷铁矿（FeAs$_2$）、雌黄（As$_2$S$_3$）、辉钴矿（CoAsS）、雄黄（As$_4$S$_4$）、砷黄铁矿（又称毒砂，FeAsS）、辉砷镍矿（NiAsS）、硫砷铜矿（Cu$_3$AsS$_4$）等。

分布在地球各处的砷及其化合物在自然界中是可移动的，岩石风化可将砷的硫化物转化为砷的三氧化物并通过尘埃进入砷循环，或在雨水、河流、地下水中溶解，或通过水的循环进入土壤，进一步被植物、动物吸收（图 1-1）。

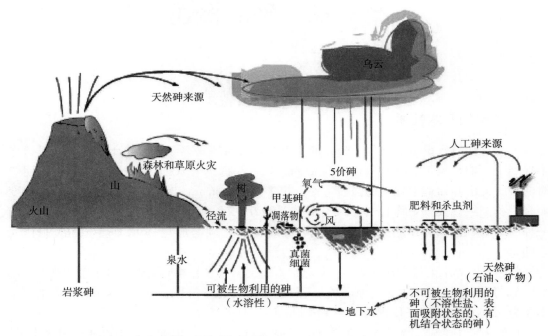

图 1-1　自然界中砷的迁移途径［National Research Council（US），1977］

二、砷的主要应用

（一）砷在医疗领域应用的历史

1909 年，诺贝尔奖获得者德国药理学家保罗·埃尔利希（Paul Ehrlich）制备了第一个合成化疗剂胂凡纳明（salvarsan）。Salvarsan 是第一种有效治疗梅毒的现代化疗药物。其他研究人员开发的砷化合物还被用于治疗白血病、对抗寄生虫引起的雅司病、回归热（类似于莱姆病）、滴虫性阴道炎、锥虫病（非洲昏睡病）和阿米巴痢疾等。2000 年，美国食品和药物管理局批准使用 As_2O_3 治疗急性早幼粒细胞白血病。在我国，小剂量砒霜作为药物使用最早出现在公元 973 年的《开宝本草》中。

（二）砷在农业领域的应用历史

砷化合物从人类医学领域被逐步淘汰之后，其中的一些后来被用作饲料添加剂。

尽管在 1998 年欧洲禁止使用含砷饲料添加剂，但美国仍批准了部分家禽饲料的含砷饲料添加剂。如阿散酸（对氨基苯砷酸）在家禽饲料中很少被使用，而亚硝基化合物硝基苯砷酸被用于治疗或预防家禽黑头病。洛克沙胂（3-硝基-4-羟基苯砷酸）被批准用于肉鸡养殖，能使肉鸡生长速度加快、饲料利用率提高，促进色素沉积。研究认为洛克沙胂可以有效地抑制沙门氏菌和其他可能危害食品安全的肠道微生物。

多年来，砷的化合物是非常有效的杀虫剂，还被用于制造农药、防腐剂、染料和医药等。6 世纪中叶北魏末期农学家贾思勰编著的农学专著《齐民要术》中记录了雌黄治书的方法，其工艺程序为：将雌黄研成粉末，与胶水泥和调制均匀，团成墨锭状的丸子，阴干，使用时和水研磨，用于浸纸治书，可防虫蠹。明末宋应星编著的《天工开物·麦工》中讲到三氧化二砷在农业生产中的应用："陕、洛之间，忧虫蚀者，或以砒霜拌种子，南方所用惟炊烬也"。早在 1918 年，美国便使用了氟铬砷酚（FCAP）作为木材防腐剂。铜铬砷（CCA）从 20 世纪 70 年代起被广泛用于民用建筑设施。目前，CCA 木材的安全性存在争议，欧盟成员国和美国、澳大利亚、日本等国家已经禁用或者严格限制使用 CCA 木材防腐剂。

（三）砷的工业用途

砷常被用于去除杂质（特别是铁），从而生产出透明玻璃；被用来硬化铅酸电池中的盖板和极柱并增加其耐久性；砷能在焰火中产生颜色；在烫金过程中被用来形成合金，也可在集成电路中与镓（Ga）形成合金，而昂贵的白铜合金就是用铜与砷合炼的；被用于激光材料中将电直接转换成相干光。砷也可被用作合金添加剂生产铅制弹丸、印刷合金、黄铜（冷凝器用）、高强结构钢及耐蚀钢等，黄铜中含有一定砷时可防止脱锌。高纯砷是制取化合物半导体砷化镓、砷化铟等的原料，也是半导体材料锗和硅的掺杂元素，这些材料被广泛用于二极管、发光二极管、红外线发射器、激光器等。

第二节　砷的赋存形式

一、砷在环境中的赋存形式

自然界中，砷是 240 余种矿物的主要成分，最常见的是以硫化矿物（如雄黄 As_4S_4、雌黄 As_2S_3 等）或以金属的砷酸盐［如亚砷酸钠 $NaAsO_2$、砷酸钙 $Ca_3(AsO_4)_2$ 等］的形式存在，很少以单质的形式出现。在氧化条件下，砷通常以砷酸盐（+5 价）的形式存在；在温和还原条件下，砷通常以亚砷酸盐的形式存在（+3 价），并常常与硫（S）或铁（Fe）结合形成砷硫化物或砷黄铁矿（FeAsS），这些物质几乎不溶于水并被固定在环境中；在强还原条件下，可能存在单质砷 As（0 价）或砷的氢化物 H_3As（-3 价），但这种情况很少见。

由以上内容可知，环境的物理化学性质影响着砷的存在形态，例如环境的酸碱性、环境的氧化还原性质以及环境中胶体的含量和组成等。环境的酸碱性和环境的氧化还原性质对元素的迁移形式（如沉淀与溶解作用、水解作用、络合与螯合作用、吸附与解吸作用）有影响。环境的氧化还原性是由氧化还原电位（Eh）决定的，环境的 Eh 及 pH 共同决定了一些元素存在的形态和价态，决定了在一定环境条件下砷的富集及其地球化学行为。图 1-2 展示了砷在不同氧化-还原条件下的行为。

基本上所有饮用水中的砷都是以无机砷的形式存在的。在有氧条件下，如在大多数地表水中，砷主要以砷酸盐的形式存在。但在某些地下水中，在一定的还原条件下，砷可能主要以亚砷酸盐的形式存在。试验发现，在没有微生物活动的情况下，pH 为 4～8 时，亚砷酸盐从饲料药物洛克沙酮部分开始被光解，并且光解的速率随着 pH、硝酸盐和有机物含量的增加而增加（Bednar et al.，2003）。此外，pH 或 Eh 的变化可以确定存在哪种无机砷化合物。环境中主要的砷形态之间的转化如图 1-3 所示。

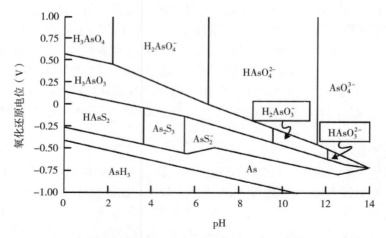

图 1-2　不同氧化还原电位、pH 条件下砷的行为（Jones，2007）

注：AsO_4（H_3AsO_4、$H_2AsO_4^-$、$HAsO_4^{2-}$、AsO_4^{3-}）：砷酸盐化合物；AsO_3（H_3AsO_3、$H_2AsO_3^-$、$HAsO_3^{2-}$）：亚砷酸盐化合物；AsS_2（$HAsS_2$、As_2S_3、AsS_2^-）：二硫化砷化合物；AsH_3：三氢化砷。

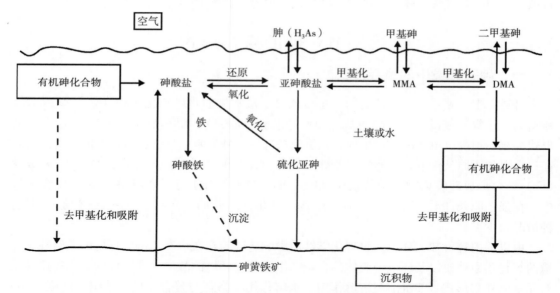

图 1-3　环境中主要砷形态间的转化反应概述（Jones，2007）

二、砷在农产品中的赋存形式

砷为一种类金属，因为它具有典型的金属和非金属的中间性质。砷与氮和磷一起出现在元素周期表的第 VA 族，因此，砷的化学性质在许多方面与这两种元素相似。虽然砷在还原条件下为氧化态（－3 价和＋3 价），但在正常环境条件下发现的最稳定的砷是氧化态（＋5 价）。因此，在生物体和食品中发现的绝大多数含砷物质（如砷酸盐、二甲基砷酸盐、砷甜菜碱、砷糖）中的砷也是氧化态（＋5 价）。

表 1-1 中总结了在食物中发现的砷的主要种类以及一些相关的人类代谢物。

表 1-1　砷在食物及人类代谢物中的主要形态

英文名称	中文名称	缩写
arsenite	亚砷酸	As（Ⅲ）
arsenate	砷酸	As（Ⅴ）
monomethylarsonic acid	一甲基砷酸	MMA
dimethylarsinic acid	二甲基砷酸	DMA
arsenobetaine	砷甜菜碱	AsB
arsenocholine	砷胆碱	AsC
arsenosugar	砷糖	AsS
arsenolipids	砷脂	AsL
dimethylarsinoyl ethanol	二甲基砷氧化乙醇	DMAE
trimethylarsoniopropiona	三甲基砷丙内酯	TMAP
trimethylarsine oxide	三甲基氧化砷	TMAO
tetramethlarsonium ion	四甲基砷离子	TMAs

在食品中，常见的无机砷为亚砷酸盐和砷酸盐，它们可能与食品本身的肽或蛋白质中的硫氧基结合，但仍然被报道为无机砷类。陆地食品的总砷含量普遍较低，其无机砷含量也较低，但稻米是一个例外，因为稻米中含有大量的无机砷，其干物质砷含量通常在 $0.1 \sim 0.4 \ mg/kg$，有时甚至更高。海洋食品的砷含量普遍较高，海水中的无机砷经生物体被转化为有机砷，因此海产品中含有较多的有机砷，如砷糖（AsS）、砷甜菜碱（AsB）、一甲基砷酸（MMA）、二甲基砷酸（DMA）、砷脂（AsL）、砷胆碱（AsC）、二甲基砷氧化乙醇（DMAE）、三甲基砷丙内酯（TMAP）、三甲基氧化砷（TMAO）、四甲基砷离子（TMA$^+$）等。食品中的砷进入人体内，主要代谢途径是甲基化，无机砷的主要最终产物是 MMA 和 DMA，经尿液排出体外，有机砷中 AsC 的代谢产物为 AsB 和 AsL，AsB 经尿液直接排出，不同的 AsL 代谢产物不一样，AsS 的代谢产物至少 12 种，最主要的是 5 价的二甲基砷酸盐〔DMA（Ⅴ）〕。

许多海产品中也存在砷，砷的非金属性质是许多海洋生物中砷含量高的原因。例如，无机离子砷酸盐与跟其结构相似的磷酸盐一起出现在海水中时，海藻无法区分这两种氧阴离子，在吸收必需的磷酸盐的过程中，会吸收有毒的砷酸盐。解毒过程由甲基化开始，导致甲基化的有机砷化合物生成。砷甜菜碱在结构上与甘氨酸甜菜碱相似〔$(CH_3)_3N^+CH_2COO^-$〕，是一种含氮甜菜碱。当环境盐度较高时，机体的甘氨酸甜菜碱水平较高，此时水生生物将其作为渗透剂来维持渗透平衡。砷甜菜碱和甘氨酸甜菜碱在结构上的相似性可以解释为什么海洋动物的砷甜菜碱含量比淡水动物高得多。

第三节　砷对人体的毒性

一、砷的致癌性

长期接触砷是一个世界性的环境卫生问题。砷及无机砷化合物（arsenic and inorganic

arsenic compounds）被世界卫生组织国际癌症研究机构（International Agency for Research on Cancer，IARC）列为人类第一类致癌物，有足够的证据证明其对人类具有致癌性。流行病学研究已经证实，饮用水中的无机砷（iAs）的摄入与膀胱癌、肝癌、肺癌、前列腺癌和皮肤癌等癌症的发病率之间存在很强的相关性。iAs 还会增加患其他疾病的风险，如心血管疾病、高血压和糖尿病。目前有关 iAs 致癌的分子机制尚不清楚，研究者提出了几种机制，包括基因毒性、细胞增殖的改变、氧化应激、表观基因组的改变、信号转导途径的干扰、细胞毒性和再生增殖（Zhou et al.，2018）。

有机砷的毒性一般比无机砷小得多。砷甜菜碱和其他人体不能代谢的有机砷化合物（arsenobetaine and other organic arsenic compounds that are not metabolized in humans）被 IARC 清单分在第三类，说明在人类身上还未发现足够的致癌证据。

（一）砷与肺癌

肺是砷暴露导致肿瘤发生的主要靶器官之一（Hubaux et al.，2013）。饮用水中的砷的摄入被国际癌症研究机构列为肺癌的已知病因。在采矿职业中接触无机砷也会导致肺癌。在病例对照研究中，随着饮用水中砷浓度的增加，肺癌的优势比（OR）和 95% 置信区间有明显的变化趋势。在智利北部的另一项研究表明，在早期接触砷后，即使在高剂量接触停止 40 年后，成人肺癌和膀胱癌的发病率也明显增加（Steinmaus et al.，2014）。在智利的一个地区，iAs 在水中的浓度范围为 90～1 000 $\mu g/L$，这使该地区居民患肺癌后的死亡率显著增加。

吸入无机砷同样会增加患肺癌的风险，这影响到矿山、冶炼厂和化工厂的工人以及附近的居民。住在含砷垃圾附近的人患肺癌的风险也更大。根据肺活量测定结果，每天暴露于含砷 0.008～0.04 mg/kg 的饮用水中的皮肤病变受试者的肺功能下降。

（二）砷与皮肤癌

长期接触 iAs 将导致人体多个系统与器官的癌症与非癌效应，其中最常见的砷毒性效应为皮肤损害，已经被广泛研究。一些研究报告了饮用水中砷的长期暴露与皮肤癌的发展之间的关系。在印度的西孟加拉邦，饮用水高度砷污染，观察到砷诱发皮肤癌（Haque et al.，2003）。经流行病学调查，发现皮肤癌患病率随水砷暴露时间和浓度的增加而升高，在我国台湾，水砷暴露浓度为 0.10 $\mu g/L$、700 $\mu g/L$ 和 710～1 100 $\mu g/L$ 时，皮肤癌的患病率分别为 0.9%、5.2% 和 8.6%（Hsueh et al.，1997）。大部分有关皮肤癌的研究发现只有在浓度高于 100 $\mu g/L$ 时风险增加，但也有研究认为通过饮用水接触浓度＜100 $\mu g/L$ 的 iAs 也具有患皮肤癌的风险。美国国家环保局（EPA）预测，50 $\mu g/L$ 的慢性饮用水砷暴露使人一生皮肤癌的患病率增加 0.3%～0.4%（Brown et al.，1997）。

（三）砷与泌尿系统癌症

砷对泌尿系统的主要影响是引发肾癌和膀胱癌，膀胱癌是世界第九大常见癌症。经流行病学调查显示，饮用水中无机砷的暴露水平与膀胱癌有很强的剂量-反应相关性。Rebecca Fry 教授于 2018 年在 IARC 研讨会上发布的一项研究结果建立了砷与膀胱癌之间的表观遗传学联系，研究结果表明 iAs 慢性接触与膀胱癌相关基因发生 CpG 甲基化（胞嘧啶-磷酸-鸟嘌呤二核苷酸链中的胞嘧啶 5 位碳原子发生甲基化）改变有关（IARC，

2018）。

二、砷与免疫系统

砷改变了巨噬细胞、树突状细胞（DC 细胞）和 T 淋巴细胞的分化、活化或增殖。砷的免疫毒性是细胞内氧化损伤调节基础基因表达或 DNA 损伤的原因。砷还通过调节 DNA 甲基化和翻译后组蛋白修饰诱导表观遗传效应。此外，最近发现该非金属在体内外都能抑制炎性小体的活性。砷免疫毒性可能通过限制免疫监视或促进炎症而导致与砷接触相关的全身效应（Bellamri et al.，2018）。

（一）砷导致的免疫系统疾病

砷对免疫细胞具有多效性作用，最初可能抑制主要免疫功能。值得注意的是，砷降低了巨噬细胞对细菌的吞噬作用，阻碍了 T 淋巴细胞的增殖，并通过抑制活化 DC 细胞和 T 淋巴细胞显著抑制促炎细胞因子的分泌。这些抑制作用可以通过限制病原体的清除而增强免疫系统易感性。

砷诱导的免疫抑制可能会增加下呼吸道感染和腹泻的风险，这些疾病经常发生在低收入国家的儿童中。在智利和印度，增加砷暴露会提高肺结核和内脏利什曼病发病率。在小鼠模型中，长期暴露于低剂量的砷也可抑制 DC 细胞介导的免疫反应，从而增加感染流感病毒的风险。

此外，免疫抑制削弱了对致瘤细胞的监测和杀伤力，可能会促进与砷暴露有关的肺癌和皮肤癌的发生。同时，砷可通过促进单核或巨噬细胞和淋巴细胞分泌肿瘤坏死因子-α（TNF-α）和白细胞介素-8（IL-8）等而引发基础炎症。慢性炎症和生长因子（如 IL-8）的分泌也可以建立支持肿瘤发展的微环境。

各国开展的流行病学研究结果表明，砷显著增加了动脉粥样硬化的风险（Chen et al.，2013）。动脉粥样硬化的发生可能与多种机制有关，包括促炎性细胞因子分泌、活性氧生成增多、单核细胞黏附于血管内皮细胞、巨噬细胞胆固醇外排减少等。在小鼠模型中，甲基化代谢物和砷-3-甲基转移酶是砷导致动脉粥样硬化的主要原因（Negro et al.，2017）。

（二）砷诱导免疫抑制的潜在益处

近年来，各种研究表明，砷的免疫抑制特性可减轻或治疗严重的免疫相关疾病。砷的三氧化物（arsenic trioxide，ATO）可通过消除激活的 T 淋巴细胞来防止淋巴细胞增殖基因突变小鼠（MRL/lpr 小鼠）中狼疮样综合征的发生，这些 T 淋巴细胞可导致淋巴细胞增殖和皮肤、肺、肾损伤（Bobé et al.，2006）。ATO 也消除了在小鼠模型中同种异体造血干细胞移植引起的硬皮样慢性移植物抗宿主病。该砷化合物还可通过选择性杀伤活化的 DC 细胞和 CD4＋T 淋巴细胞来抑制同种反应过程。在小鼠模型中 ATO 可通过抑制同种异体反应性记忆 CD4＋T 和 CD8＋T 淋巴细胞来延长心脏和胰岛同种异体移植物生存的急性排斥（Li et al.，2015）。最后，砒霜可抑制炎性小体的活性，并可抑制巨噬细胞中白细胞介素-1β（IL-1β）的产生，这表明砒霜可抑制严重炎性疾病的慢性炎症反应。

三、砷的毒性机制

（一）砷的代谢毒性

砷的代谢与其毒性有关。无机砷通过食物或饮用水被胃肠道吸收。砷的吸收与氧化态密切相关。iAs（V）通过膜转运体（如钠/磷酸盐共转运体）进入细胞。砷的甲基化五价有机形式不被运输，而三价形式［iAs（Ⅲ）］很容易被运输。iAs（Ⅲ）通过水甘油通道、蛋白通道和转运蛋白进入细胞（Yang et al.，2012）。三价砷化合物的主要转运蛋白包括 P-糖蛋白、ATP 结合盒转运蛋白（ATP-binding cassette transporters）和葡萄糖转运蛋白（Cohen et al.，2013）。大部分的砷生物转化循环在肝细胞中发生，亚砷酸盐在肝细胞中经历一系列的氧化-甲基化和还原步骤（Vahter，2002）。在人类砷代谢途径中，iAs（V）被转化为 iAs（Ⅲ），随后分别被甲基化为单甲基化砷和二甲基化砷。甲基化是砷从无机形态向有机形态转化的重要步骤，该过程消耗 S-腺苷基-L-蛋氨酸（SAM）和谷胱甘肽（GSH）（Drobna et al.，2005）。砷-3-甲基转移酶（As3MT）将无机形态代谢为甲基化形态（MMA 和 DMA），包括三价形态和五价形态，其中 SAM 为供甲基辅助因子。在啮齿类动物中，二甲基形态还可以进一步甲基化为三甲基氧化砷（TMAO），除非接触量极高，否则不会发生在人类身上（Cohen et al.，2013）。在无机砷的生物转化过程中，谷胱甘肽 S-转移酶（glutathione-S-transferase omega，GSTO）催化砷酸盐、MMA（V）和 DMA（V）的还原，使其成为毒性更强的三价砷。在 GSTO 敲除的小鼠中，砷酸盐被完全甲基化为 DMA（Ⅲ）。除了 GSTO，可能还有其他的酶可以减少砷（V）的种类，但作用较小。虽然有证据表明 GSTO 可以在体外还原五价砷，但在体内与五价砷没有相关性（Nemeti et al.，2015）。一般的反应进程为 As（V）$+2e^-\rightarrow$ As（Ⅲ）$+Me^+\rightarrow$ MMA（V）$+2e^-\rightarrow$ MMA（Ⅲ）$+Me^+\rightarrow$ DMA（V）$+2e^-\rightarrow$ DMA（Ⅲ）。由于砷代谢涉及以 SAM 为甲基供体的氧化甲基化，一些营养物质如叶酸的水平可能会影响砷的甲基化模式，导致暴露分析的困难。

（二）细胞毒性及再生增殖

砷剂诱导癌症的机制似乎涉及细胞毒性和再生增殖（Cohen et al.，2013；Dodmane et al.，2013）。最常见的再生增殖不仅包括细胞数量的增加，还包括复制率的增加（Cohen et al.，2016）。越来越多的证据表明，砷诱发的膀胱、皮肤和肺的癌变涉及细胞毒性和再生增殖（Cohen et al.，2013；Dodmane et al.，2013；Efremenko et al.，2015）。三价砷化合物［iAs（Ⅲ）、MMA（Ⅲ）和 DMA（Ⅲ）］浓度从 0.1 μmol/L 到 10 μmol/L 对细胞具有高毒性，对于所有细胞，浓度小于 0.1 μmol/L 能被接受，浓度大于 10 μmol/L 是致命的。大鼠口服高剂量 DMA（V）10 周后，尿路上皮细胞再生增殖增加，细胞毒性改变，细胞坏死，表明 DMA（V）可导致细胞毒性坏死，随后膀胱上皮再生增殖。DMA（V）诱导的大鼠膀胱毒性作用可能是体内形成 DMA（Ⅲ）所致。

（三）基因毒性

基因毒性可以通过直接与 DNA 相互作用产生，也可以通过间接影响 DNA 产生。这些间接影响包括微核（MN）的形成、姐妹染色单体交换（SCE）或染色体畸变（CAs）。此外，抑制 DNA 修复酶也可能间接导致基因毒性过程。

染色体效应和 DNA 损伤被认为是人类癌症发生和发展的关键效应。砷化合物并不直接作用于 DNA 本身，但存在间接的基因毒性。

iAs 介导的染色体不稳定性常发生在着丝粒处，导致无中心染色体的形成或两个染色体之间的着丝粒融合。两个染色体在其着丝粒处融合会导致染色体异常分离，导致非整倍体或微核形成。然而，发生在染色体末端的融合可能导致环状结构的形成或 SCE 异常。低剂量时，iAs 不会引起 DNA 碱基对突变；高剂量时，iAs 会引起 DNA 双链断裂，这会导致大规模的染色体畸变。

抑制 DNA 修复是砷的一种致癌作用模式。砷可抑制核苷酸切除修复（NER）、碱基切除修复（BER）和错配修复（Hossain et al.，2012）。砷干扰 DNA 修复有可能促进关键抑癌基因如肿瘤蛋白 P53（TP53）在砷暴露患者中的突变，导致膀胱癌风险增加。此外，砷破坏 DNA 修复机制，诱导 DNA 加合物的形成，并在 DNA 复制过程中留下无法复制的片段，然后在加合物被切除时 DNA 双链断裂（DSBs），未修复的 DSB 可导致染色体或染色单体型畸变。

（四）表观遗传调控

表观遗传调控改变可能参与了砷暴露引起的基因表达变化（Bjorklund et al.，2017）。表观遗传学是指基因表达的可逆调控，不依赖于 DNA 序列。表观遗传机制允许细胞迅速改变长期的转录活动，从而允许基因表达的协调变化而不永久改变 DNA 序列。表观遗传改变是一种非遗传毒性作用，调节基因表达，改变遗传现象，因此可被认为是一种潜在的可逆的 DNA 修饰形式。表观遗传改变也被认为在 iAs 的复杂作用模式中起着重要作用。主要的表观遗传机制是基因启动子区域的 DNA 甲基化，调控基因表达，共价组蛋白翻译后修饰，以及与 iAs 暴露相关的微核糖核酸（microRNAs、miRNAs）表达变化。

（五）免疫抑制

对免疫系统的多重作用往往会抑制免疫监测系统，提高感染、自身免疫性疾病、癌症等免疫介导问题的发生率（Haque et al.，2017）。最近的研究发现，砷破坏巨噬细胞的功能，加重由巨噬细胞和单核细胞介导的脂多糖诱导的炎症。炎症是众所周知的癌症进展的标志性事件，它在保护受损组织方面起着关键作用，但也会导致多种疾病，包括各种癌症。砷引发的炎症生物标记［肿瘤坏死因子（TNF-α）、转化生长因子-β（TGF-β）］分泌量的增加与尿路上皮肿瘤细胞的 iAs 暴露相关。慢性低剂量 iAs 摄入（$11\sim50\ \mu g/L$）通过移植促炎症介质（如 TNF-α、IL-6、IL-8、IL-12 和 C 反应蛋白）引发全身炎症（Prasad et al.，2017）。这些结果表明，长期接触砷会损害免疫系统。然而，关于砷是否通过炎症性疾病导致癌症的深入、系统研究较少。目前尚不清楚砷是否是先改变炎症信号，再引起慢性疾病。

第四节 砷的来源

砷有不同的来源，如土壤、空气和水，其他来源包括砷的自然沉积以及人为活动，例如与金、银和其他金属有关的冶金活动，这些金属通过矿物溶解被释放到环境中；农药的生产和使用；采矿等（图 1-4）。

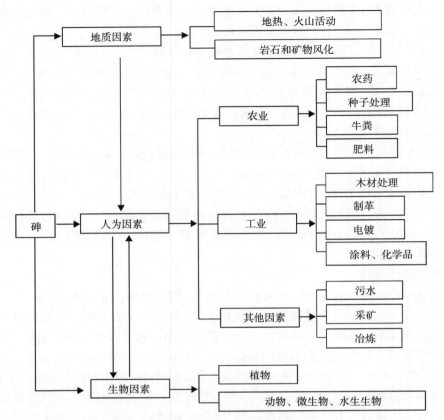

图 1-4　土壤和水生态系统中砷的主要来源（Mahimairaja et al.，2005）

一、环境中的砷

（一）土壤中的砷

砷以不同的浓度广泛地分布在所有地质物质中。地壳中砷的平均浓度为 1.5～2.0 mg/kg，火成岩中砷的平均浓度为 1.5～3.0 mg/kg，而沉积岩中砷的平均浓度为 1.7～400 mg/kg。砷的地壳丰度排在第 52 位，是 245 种矿物中的主要成分。这些矿物主要是含硫化物的铜矿石（Cu）、镍（Ni）、铅（Pb）、钴（Co）、锌（Zn）、金（Au）或其他碱金属。砷最重要的矿物有黄铁矿、雄黄和雌黄。砷在岩石和矿物风化过程中被引至土壤和水中，随后淋溶和流失。因此，土壤中砷的主要来源是其母体（或岩石）材料。土壤中砷的正常浓度为 1～40 mg/kg，平均浓度为 5 mg/kg。火山活动和自然侵蚀也会造成砷污染，火山地区土壤中砷的浓度约为 20 mg/kg（Sugita et al.，2005）。

（二）水中的砷

由于地质特征，世界上许多国家和地区的饮用水中被发现天然存在高浓度的砷，有报道表明这些区域主要在我国（新疆、内蒙古、台湾东南沿海地区）、印度西孟加拉邦、孟加拉国、泰国南部、越南、日本、加拿大、美国、德国、希腊、匈牙利、西班牙、加纳、坦桑尼亚、津巴布韦、匈牙利和罗马尼亚之间的边界。在拉丁美洲，阿根廷、玻利维亚、巴西、委内瑞拉、智利、哥伦比亚、古巴、哥斯达黎加、厄瓜多尔、萨尔瓦多、危地马拉、洪都拉斯、墨西哥、尼加拉瓜、秘鲁和乌拉圭都记录了水的砷污染（McClintock et al.，2012）。

1998 年米切飓风袭击洪都拉斯、尼加拉瓜和萨尔瓦多时，造成了含水层的砷污染，人们在丰塞卡湾发现了 $5\sim9$ mg/L 的砷。然而，在地质沉积物中或农药生产领域，检测到的砷的浓度在 $500\sim1~000$ mg/kg。

针对印度西孟加拉邦和孟加拉国，Bose 等（2002）提出了其地下水中砷迁移的 3 种可能机制，主要包括：①含砷黄铁矿矿物氧化对砷的活化作用。②地下还原条件导致的富含砷的羟基氧化铁（FeOOH）的溶解。③磷酸根（PO_4^{3-}）和砷酸根（AsO_3^-）具有相似的化学结构及解离常数，均可专性吸附在矿物表面，施磷肥引入的磷离子与吸附到含水层矿物中的砷产生竞争吸附作用，部分砷被解吸附释放进含水层，造成地下水的砷污染。

（三）大气中的砷

人类接触砷主要是通过受污染的水，其次是通过吸入和皮肤接触（Palma et al.，2020）。吸烟可导致吸入砷，每根香烟约含 1.5 μg 砷。此外，在矿山、冶炼厂和化工厂工作的工人以及附近的居民也会吸入砷。空气中的砷污染主要为三氧化二砷。空气中无机砷的浓度在低人为活动区域估计为 $1\sim3$ ng/m³，在高人为活动区域估计为 $20\sim30$ ng/m³，在工业区估计为 $100\sim300$ ng/m³。Xie 等（2019）进行的健康风险评估表明，PM2.5 中的砷通过吸入暴露对儿童和成人都可能造成不良影响。

二、人为污染

砷也通过各种人为活动被引入环境中。人为污染源释放的砷的化学性质（形态）和生物利用度与天然的砷化合物显著不同。排放到土地上的砷的主要来源是商业废物（占40%）、煤灰（占 22%）、采矿业（占 16%）和钢铁行业的大气沉降物（占 13%）（Sugita et al.，2005）。三氧化二砷（As_2O_3）被广泛用于陶瓷、玻璃、电子、颜料、防污剂、化妆品、烟花和铜器的制造。砷与铜（Cu）和铬（Cr）的化合物也被用于木材保存，即铜-铬-砷酸盐（CCA）。在新西兰，木材处理废水被认为是水生和陆地环境中砷污染的主要来源。

砷广泛分布于铅、锌、金、铜等的硫化矿物中，在其开采和冶炼过程中被释放，熔炉的烟道气和颗粒可在操作系统的顺风处污染附近的生态系统，具有一定范围的金属毒性；煤燃烧不仅将气态砷释放到大气中，而且产生含有不同量砷的飞灰和底灰，这些导致砷对土壤和水体的污染。

砷同样存在于许多农药和肥料中。制造含砷农药如除草剂产生的含砷的液体和固体废物在处理后可能污染土壤和水体。例如，园艺农药砷酸铅 [$Pb_3(AsO_4)_2$]、砷酸钙（$CaAsO_4$）、砷酸镁（$MgAsO_4$）、砷酸锌（$ZnAsO_4$）、偏亚砷酸锌 [$Zn(AsO_2)_2$] 和巴黎绿 [$Cu(CH_3COO)_2 \cdot 3Cu(AsO_2)_2$] 在果园中的使用将加剧土壤污染；使用有机砷农药如甲酸钠（MSMA）和甲磺酸二钠（DSMA）能引起土壤的砷污染。用于控制小型鱼塘和湖泊中的水生杂草和促进畜禽生长的亚砷酸钠（$NaAsO_2$）、有机农药甲酸钠（MSMA）和甲磺酸二钠（DSMA），提高饲料转化率的洛克沙胂 [包括 Fowler（砷酸钾)、Donovall 液(含砷和汞的碘化物)、Asiatic 片(三氧化砷和黑胡椒)、deValagin 液(氯化砷液)、二甲砷酸钠、肿凡纳明、盐酸氧芬肿、肿硫醇、乙酰肿胺、卡巴肿等],这些药物的使用也可导致环境中砷残留风险增加。

目前，国际上禁止使用含砷农兽药已成为趋势。美国国家环保局（EPA）与农药生产企业签署自愿的协议，将逐步从市场上取消所有有机砷类化合物农药的使用，但保留甲基肿酸钠在棉花上的使用（宋俊华，2009）；欧盟、加拿大、日本、美国马里兰州均禁止在鸡饲料中使用含有砷的饲料添加剂。为从源头上阻断砷从农药及农药生产废物转移至土壤和食物链的污染途径，根据我国农业部（现农业农村部）公告第 199 号和第 2032 号的规定，于 2015 年 12 月 31 日起，我国所有食品已彻底禁用含砷农药。但农药中携带砷（杨文君等，2016）以及大量施用含磷农药导致矿物中砷解吸进入土壤和水体的污染途径（Bose et al.，2002）依然值得关注。

三、生物再分配

生物来源仅对土壤和水生态系统贡献少量的砷。但是，植物以及微生物通过其生物积累（如生物吸附）、生物转化（如生物甲基化）和转移（如挥发）来影响砷的重新分布。由于砷对蛋白质、脂质和其他细胞成分具有强亲和力，因此很容易在活组织中蓄积（Sugita et al.，2005）。

水生生物更容易积累砷，其体内砷浓度远高于其所生活的水中的砷浓度（即生物放大作用），可成为环境砷污染的来源。砷可以从土壤转移到植物，然后转移到动物和人类，涉及陆地和水生食物链。例如，在美国东海岸的特拉华州、马里兰州、弗吉尼亚州半岛，家禽粪便被认为是土壤中砷的主要来源之一。每年通过禽类饲料中的砷化合物[如洛克沙肿（roxarsone，ROX）]有 20～50 mg 的砷进入环境中。在许多情况下，砷的土壤到植物的转移量很低。

第五节　砷在农产品及加工品中的限量标准

一、我国主要农产品及加工品中砷的限量标准

（一）食品中砷限量的国家标准

根据《食品安全国家标准 食品中污染物限量》（GB 2762—2017）的要求，食品中的砷的限量标准见表 1-2（检验方法按 GB/T 5009.11—2014 规定的方法测定）。

表 1-2　我国食品中砷的限量指标

食品类别（名称）	限量（以 As 计，mg/kg 或 mg/L）	
	总砷	无机砷[②]
谷物及其制品		
谷物（稻谷[①]除外）	0.5	—
谷物碾磨加工品（糙米、稻米除外）	0.5	—
稻谷、糙米、稻米	—	0.2

（续）

食品类别（名称）	限量（以 As 计，mg/kg 或 mg/L）	
	总砷	无机砷[②]
水产动物及其制品（鱼类及其制品除外）	—	0.5
鱼类及其制品	—	0.1
蔬菜及其制品		
新鲜蔬菜	0.5	—
食用菌及其制品	0.5	—
肉及肉制品	0.5	—
乳及乳制品		
生乳、巴氏杀菌乳、灭菌乳、调制乳、发酵乳	0.1	—
乳粉	0.5	—
油脂及其制品	0.1	—
调味品（水产调味品、藻类调味品和香辛料类除外）	0.5	—
水产调味品（鱼类调味品除外）	—	0.5
鱼类调味品	—	0.1
食糖及淀粉糖	0.5	—
饮料类		
包装饮用水	0.01	—
可可制品、巧克力和巧克力制品以及糖果		
可可制品、巧克力和巧克力制品	0.5	—
特殊膳食用食品		
婴幼儿辅助食品		
婴幼儿谷类辅助食品（添加藻类的产品除外）	—	0.2
添加藻类的产品	—	0.3
婴幼儿罐装辅助食品（以水产及动物肝脏为原料的产品除外）	—	0.1
以水产及动物肝脏为原料的产品	—	0.1
辅食营养补充品	0.5	—
运动营养食品		
固态、半固态或粉状	0.5	—
液态	0.2	—
孕妇及乳母营养补充食品	0.5	—

①稻谷以糙米计。

②对于制定无机砷限量的食品可先测定其总砷，总砷水平不超过无机砷限量值时，不必测定无机砷，否则，需再测定无机砷。

（二）我国部分农产品中砷限量的行业标准

我国针对粮食（谷物、豆类、薯类）、茶叶等农产品中的砷含量要求也制定了不同的标准（表 1-3）。

表 1-3　部分农产品中砷限量的行业标准

农产品类别	限量（以总 As 计，mg/kg）	标准号	检测方法来源
谷物及制品	0.7	NY 861—2004	GB/T 5009.11—2014
豆类及制品	0.5	NY 861—2004	GB/T 5009.11—2014
鲜薯类（甘薯、马铃薯）	0.2	NY 861—2004	GB/T 5009.11—2014
薯类制品	0.5	NY 861—2004	GB/T 5009.11—2014
茶叶	2	NY 659—2003	GB/T 5009.11—2014
水溶肥料	10	NY 1110—2010	NY/T 1978—2010

（三） 我国中药中砷的限量标准

中药材中重金属的标准规范是保证中药材用药安全与疗效发挥的基础。《中国药典》（2015 版）对部分药材作了重金属限量规定。药典中规定植物药甘草、黄芪、丹参、白芍、西洋参、金银花、阿胶、枸杞子、山楂等的重金属总量≤20.0 mg/kg，As≤2.0 mg/kg。该要求与行业标准《药用植物及制剂外经贸绿色行业标准》（WM/T 2—2004）中对药用植物砷限量的统一规定保持一致。

二、国际主要农产品及加工品中砷的限量标准

（一） 国际食品法典委员会 （CAC） 标准

国际食品法典委员会 1995 年颁布的标准 "Codex general standard for contaminants and toxins in food and feed"（CODEX STAN 193—1995）中对不同食品中砷的限量值描述见表 1-4。

表 1-4　国际食品法典委员会规定食品中砷的限量标准

代号	名称	水平（mg/kg）	参考标准	备注
	食用油脂	0.1	CS 19—1981	个别标准不包括的食用油脂
	人造奶油	0.1	CS 32—1981	
	米纳林（minarine）	0.1	CS 135—1981	米纳林指具涂布特性的低脂（40%）混合物
	动物脂肪	0.1	CS 211—1999	猪油，精制猪油，优质牛油和可食用牛油
OR 0305	精制橄榄油	0.1	CS 33—1981	
OC 0305	初榨橄榄油	0.1	CS 33—1981	
OR 5330	橄榄残渣油	0.1	CS 33—1981	橄榄渣油
OC 0172	植物油原油	0.1	CS 210—1999	来自花生、巴巴苏、椰子、棉籽、葡萄籽、玉米、芥菜籽、棕榈仁、棕榈、油菜籽、红花籽、芝麻、大豆和葵花籽以及棕榈油、棕榈硬脂和超级棕榈的命名植物油
OR 0172	食用植物油	0.1	CS 210—1999	来自花生、巴巴苏、椰子、棉籽、葡萄籽、玉米、芥菜籽、棕榈仁、棕榈、油菜籽、红花籽、芝麻、大豆和葵花籽以及棕榈油、棕榈硬脂和超级棕榈的命名植物油

（续）

商品/产品		水平	参考标准	备注
代号	名称	(mg/kg)		
	天然矿泉水	0.01	CS 108—1981	用 mg/L 来表示砷的含量
	食盐	0.5	CS 150—1985	

（二） 澳大利亚食品中砷污染物的限量标准

澳大利亚对其谷物、水产品等中砷的限量也进行了相应的规定（表 1-5）。

表 1-5 澳大利亚食品中砷污染物的限量标准

污染物	食品分类	限量值（mg/kg）
砷（总砷）	谷物	1
砷（无机砷）	甲壳类动物	2
	鱼	2
	软体动物	1
	海藻（食用海带）	1

（三） 欧盟食品中砷的限量标准

欧盟在委员会法规（EC）NO.1881/2006 中规定了食品中铅、镉、汞、锡的限量标准，并于 2015 年更新增加了米及其制品中砷的限量标准（表 1-6）。

表 1-6 欧盟米及其制品中砷的限量标准

名称	砷（无机砷）限量值（mg/kg）
非蒸谷精米	0.2
蒸谷米、糙米	0.25
米华夫饼、米煎饼、米饼干、米蛋糕	0.3
婴幼儿食品生产用米	0.1

备注：①无机砷指 3 价无机砷和 5 价无机砷的总和。②米（rice）、糙米（husked rice）、精米（milled rice）、蒸谷米（parboiled rice）定义参见 Codex Standard 198—1995。

(四)草药中砷限量的国际标准

国际上的限量标准多针对植物药，很少见针对动物药、矿物类药材的重金属含量规范。目前世界各国对于草药中重金属的限量规定有两种方式。一种方式是规定在草药或其提取物（制品）中有害物质含量的最高浓度。新加坡对草药中重金属的限量要求宽松，规定 As≤5.0 mg/kg；德国、法国虽然对铅（Pb）、镉（Cd）、铜（Cu）等重金属限量要求较严格，但没有规定草药中砷的限量值；韩国则规定了生药萃取物及制剂的重金属总量限量值≤30 mg/kg。

世界卫生组织（WHO）和美国则采用另外一种方式，即给出每日参考剂量（reference dose, RfD）。根据美国 EPA 给出的草药中重金属每日参考剂量（最高剂量）要求，砷为 0.000 3 g/(kg·d)；根据 WHO 提供的草药中重金属参考剂量要求，砷为 0.002 1 g/(kg·d)。从人体健康风险评价的角度而言，每日参考剂量的限量方式考虑了每日用药剂量，对临床用药和日常保健更具备参考价值。

第六节　砷的检测方法

世界卫生组织国际癌症研究机构已将砷及无机砷化合物列为一类致癌物，但世界范围内由砷引起的饮水和食品安全问题仍时有发生。当前食品中的砷主要存在于海产品、农产品以及其他形态的产品中，其中含有较高水平的砷的基体有蛋类、稻米、各种肉类，这些食品都要引起人们足够的重视。因此，研究砷的检测技术，实现环境和食品中砷污染物的快速筛查，对控制和预防由砷引起的污染事件具有重要意义。砷的检测包括砷的含量检测、形态检测以及分布检测。

一、砷含量的检测方法

检测砷含量的方法有：原子荧光光谱法（AFS）、原子吸收光谱法（AAS）、紫外及可见分光光谱法（UV-Vis）、X荧光光谱法（XRF）、比色法、原子发射光谱法（AES）、质谱法、电化学法、化学发光法、生物法、滴定法等，覆盖了痕量到常量砷的检测。

(一)前处理方法

1. 湿法消解

湿法消解的基本原理是一定温度下，在强酸性环境中，利用化学反应使样品分解、使待测定组分以液态的形式存在于溶液中。该前处理方法在检测食品中砷的含量时使用较多。陈必琴（2017）对湿法消解酸的使用进行了研究，通过采用不同的混合酸（硝酸＋高氯酸，硝酸＋高氯酸＋硫酸）对标准物质稻米粉、芹菜粉等样品进行前处理，用原子荧光光谱法（AFS）对总砷含量进行测定。结果显示，两种前处理方法下测得的稻米粉总砷含量分别为 0.119 1 mg/kg 和 0.118 2 mg/kg，芹菜粉总砷含量分别为 0.396 4 mg/kg 和 0.397 8 mg/kg。两种前处理方法下得到的结果基本一致。两种样品采用两种不同的前处理方法的回收率均在 80%～90%。彭琨等用硝酸-高氯酸混合溶液进行消解，以硫脲-硼氢化钾-氢氧化钾为还原液来测定食品中的砷，砷的相对标准偏差为 1.17%，检出限为 0.28 ng/mL，回收率为 95.8%～105.4%。用硝酸和过氧化氢处理稻米样品，线性范围为 0～10 μg/L，该方法的回收率在 96%～102%。

钟一平（2017）采用电热板湿法消解稻米，在盐酸介质中，经硫脲-抗坏血酸还原，将稻米中的五价砷转化为三价砷，再利用原子荧光光谱法（AFS）对砷含量进行测定，其研究结果表明，电热板的湿法消解能使常规方法中极易损失的砷元素被全部保留，检测结果精密度高、回收率高，是谷物砷测定较为理想的方法。

2. 微波消解法

该方法具有较高的灵敏度和精确度，且操作简便，方法简捷，在海产品微量砷的测定中被广泛应用。王凯等（2009）利用该方法对海产品中的微量砷进行了测定，当砷含量在 0～10 ng/mL、还原剂为 20 g/L 硼氢化钾-2 g/L 氢氧化钠溶液、载流为 5% 的盐酸时，该方法的检出限为 0.071 6 ng/mL，回收率在 91.90%～104.6%。

3. 高压罐消解法

高压罐消解法是在常压湿法消解法的基础上密封加压，达到快速消解的一种前处理方法。该方法的优点主要是升温快、分解样品能力强、避免了易挥发元素气化损失、避免了样品污染和环境污染、酸等试剂的用量大大减少等（胡曙光等，2014）。孙中华等（2017）采用高压消解法对玉米进行了前处理，并用 AFS 法测定了玉米中的痕量砷，结果表明，砷标准质量浓度为 0.002～0.100 $\mu g/mL$ 时，标准曲线的线性系数为 0.999 1，测得结果的相对标准偏差为 1.05％，平均加标回收率为 98.6％，该方法的最低检出限为 0.01 $\mu g/g$。

卞春等（2013）采用高压消解法对小麦粉进行前处理，用 AFS 法对小麦粉中的总砷进行了测定，对消解液、酸介质及其质量浓度、预还原掩蔽剂、预还原反应时间和可能存在的金属离子对检测结果的影响进行了研究，结果表明，砷标准溶液质量浓度为 4～200 $\mu g/L$ 时，得到的标准曲线的线性系数为 0.999 7，加标回收率为 95.06％～99.57％，相对标准偏差（RSD）≤3.64％。

4. 悬浮液进样法

悬浮液进样法是通过给样品加入一定量酸和预还原剂等，并且加入消泡剂，充分搅拌之后便直接上机检测的快速前处理方法。孙汉文等在利用 AFS 法测定面粉中的砷含量进行前处理时，采用了悬浮液进样法，研究了影响悬浮液稳定性和均匀性的因素，选出在悬浮液中直接发生氢化物反应的最佳条件。在 10％的盐酸介质中，在 0～80 $\mu g/L$ 的砷标准质量浓度范围内，线性相关系数为 0.999，三价砷和总无机砷的检出限分别为 0.08 $\mu g/L$ 和 0.20 $\mu g/L$，测得小麦粉标准物质三价砷和总无机砷的加标回收率分别为 95％～105％和 92％～106％。将悬浮液进样法作为 AFS 法测定食品中砷含量的前处理方法还处于探索阶段。

（二）测定方法

1. 原子荧光光谱法（AFS）

原子荧光光谱法是以原子在辐射能激发下发射的荧光强度进行定量分析的发射光谱分析法。它的基本原理是基态原子（一般为蒸气状态）吸收合适的特定频率的辐射而被激发至高能态，而后激发过程中以光辐射的形式发射出特征波长的荧光。原子荧光光谱法的优点在于灵敏度高，光谱线简单，选择性好，线性范围宽。目前 AFS 常和氢化物发生（HG）技术联用（HG-AFS），以降低背景干扰；此外，为了实现样品检测的在线自动化，和流动注射方法的联用也较多。Leal 等（2006）用多项注射流动进样系统和原子荧光联用（MSFLA-HG-AFS），实现了 As（Ⅲ）和 As（Ⅴ）的分离检测。优化反应条件后，灵敏度提高了 5 倍，检出限达到 30 ng/L。焦怀鑫等（2015）采用氢化物发生-原子荧光光谱法（HG-AFS），分析地表水中的砷，砷的检出限为 0.18 $\mu g/L$，加标回收率为 96％～107％。刘曙等（2015）用硝酸和高氯酸混合液驱赶氢氟酸，用硫脲-抗坏血酸溶液消除共存离子干扰，用原子荧光光谱法（AFS）测定萤石中砷的含量，方法定量限为 0.04 $\mu g/g$，标准工作曲线线性范围为 0.1～50 mg/mL，相关系数为 0.999 7，RSD（$n=6$）为 1.3％～5.0％，回收率为 85.0％～103.7％。

XGY-6080 型双通道原子荧光光度计（中国地质科学院地球物理地球化学勘查研究所研制），同时测定饮用水中的砷和汞含量。在最佳仪器工作条件下，砷和汞的检出限分别为 0.027 3 $\mu g/L$、0.003 4 $\mu g/L$，测定结果的相对标准偏差 1.09％～3.34％（$n=7$），砷和汞的加标回收率分别为 96.59％～103.97％和 96.78％～98.95％，测量灵敏度较高，结果准确。

2. 原子吸收光谱法（AAS）

石墨炉原子吸收光谱仪具有较高的灵敏度，常被用来测定无机砷。为避免基体干扰，可以加入合适的基体改良剂，如镧系金属镁、镍、钯和铑等，以提高砷的灰化温度；也可以与氢化物发生法（HG）或者色谱分离技术联用，将砷从复杂的生物样品中分离出来，再用原子吸收光谱仪进行检测。Coelho 等（2002）在盐酸浓度为 0.12 mol/L、流速为 6.1 mL/min，硼氢化钠浓度（m：v）为 1%、流速为 3.0 mL/min，载气（N_2）流速为 200 mL/min 的优化条件下，用 HG-AAS 同时分离检测了 As（Ⅲ）和 As（Ⅴ），且发现相互干扰少。胡曙光等（2012）利用石墨炉原子吸收光谱法测定海藻制品中总砷和三价无机砷，采用塞曼扣背景，线性范围为 3.0～60 $\mu g/L$，定量限为 2.9 $\mu g/L$，精密度为 3.6%，回收率为 90%～102%；氘灯扣背景的线性范围为 4.0～80 $\mu g/L$，定量限为 3.6 $\mu g/L$，精密度为 4.1%，回收率为 88%～109%。邢凤晶等（2016）利用氢化物发生-原子吸收法测定金银花中的砷，砷的回收率为 107.1%，RSD 为 2.3%（$n=6$）。梁有等用 HG-AAS 法测定了水样中的砷，相对标准偏差为 3.37%，检出限为 0.26 ng/mL，加标回收率在 98.9%～103.3%。

3. 原子发射光谱法（AES）

利用固相萃取-电感耦合等离子体发射光谱法测定废水中的砷，该方法的检出限为 0.01 mg/L，测定范围为 0.5～10 mg/L，回收率为 91.5%～110%。利用电感耦合等离子体发射光谱（ICP-AES）法测定锡精矿中的砷，加标回收率为 96.0%～105%，相对标准偏差为 1.3%～3.3%（$n=11$）。选择 189.042 nm 分析谱线，测定钢丝黄铜镀层中砷的方法的检出限为 0.003 mg/L，回收率为 96%～107%，相对标准偏差为 0.46%～4.1%（$n=6$）。

4. 电感耦合等离子体质谱法（ICP-MS）

ICP-MS 几乎可同时测定元素周期表中所有的元素，且具有线性范围宽、灵敏度高、准确性好等特点。目前，该技术已被广泛应用于环境、地质、矿业、食品、饲料、医学等领域中多种元素的同步分析工作中。

李浩洋等（2016）利用 ICP-MS 测定饼干中的砷，使用国家标准物质小麦（GBW10052），方法的检出限为 0.002～0.500 mg/kg，相对标准偏差小于 6.55%，加标回收率为 88.0%～106.0%。王培龙等（2007）以此法测定饲料中包括砷在内的 9 种元素，用干灰化法、混合酸消解法分别对配合饲料和预混合饲料进行预处理，并对仪器测定中的质谱干扰、基体效应及记忆效应进行了探讨和优化，砷在 0～200 $\mu g/L$ 线性范围内的线性相关系数达到 0.999 9，检出限为 0.796 $\mu g/L$。张浩然等（2017）建立了 ICP-MS/MS 测定饲料原料、预混合饲料及配合饲料中砷的方法，以串联质谱作为检测器，在使用氧模式条件下可有效排除氩氯离子（$ArCl^-$）对试验的干扰，能显著提高准确度，该方法的检出限为 0.001 74 $\mu g/kg$，定量限为 0.003 308 $\mu g/kg$。石变芳等（2016）利用微波消解-ICP-MS 法测定煤炭中的砷，选择 [169]Tm（铥）作为内标元素，内标法线性相关系数大于 0.999 9，RSD 小于 3%；标准加入法的线性相关系数大于 0.999，测得煤炭的砷含量为 8.46 mg/kg。

5. 比色法、紫外及可见光分光光度法

砷的吸光光度法分析技术包括砷斑法、钼蓝光度法、银盐法、阻抑动力学光度法、催化动力学光度法等，最常见的光度法是银盐法。银盐法测定食品中的总砷，用碘化钾、氯化亚锡将高价砷还原为三价，然后将三价砷转化成砷化氢，砷化氢与二乙氨基二硫代氨基甲酸银反应形成红色胶态物，据颜色深浅进行比色测定。称样量为 1 g，定容体积为 25 mL 时，该方法的检出限为 0.2 mg/kg，定量限为 0.7 mg/kg（GB 5009.11—2014）。

陈冬梅等（2004）以微珠比色法测砷，以钼酸铵为显色剂，在硝酸介质中，As（Ⅴ）与钼酸铵生成砷钼杂多酸，再用氯化亚锡还原生成砷钼蓝，检出限为 10 ng，RSD（$n=$ 21）为 13.3%。

马晓国等（1998）在水样分析时采用比光谱导数法处理砷钼酸和磷钼酸与乙基罗丹明 B 缔合物的重叠吸收光谱，不需分离和掩蔽干扰离子而能实现对微量砷和磷的同时测定，研究了在聚乙烯醇存在的情况下，硅、磷和砷钼杂多酸与罗丹明 6G 形成离子缔合物显色，采用计算机求解超定方程组，实现了分光光度法同时测定硅、磷和砷。

近些年也出现了一些测痕量砷的显色方法，如基于在硫酸介质中痕量 As（Ⅲ）能阻抑溴酸钾、溴化钾和锆试剂的褪色反应，建立了测定废水中痕量 As（Ⅲ）的方法，检测结果令人满意。

6. X 荧光光谱法（XRF）

X 荧光光谱法（XRF）和原子荧光光谱法（AFS）的原理都是通过激发光源将物质激发后检测其荧光，但二者在激发光源以及用途上都有很大区别。XRF 以 X 射线为激发光源，AFS 使用的光源很多，如空心阴极灯、激光等，另外 AFS 主要用来进行定量分析，而 XRF 主要用来进行定性分析和结构分析，二者的检测范围、样品制备方法等都不一样。采用 XRF 法进行砷的定性定量分析，具有分析速度快、样品非破坏、制样简单、固液样品均能够测试等优点。

周衡刚等（2020）建立的一种同时测定进口鱼粉中的铬（Cr）、砷（As）、汞（Hg）和铅（Pb）含量的悬浮液进样-全反射 X 射线荧光光谱法（TXRF），以镓（Ga）元素为内标，Cr、As、Hg 和 Pb 的检出限分别为 0.61 mg/kg、0.15 mg/kg、0.20 mg/kg、0.20 mg/kg，相对标准偏差均小于 5%，加标回收率为 84.1%～103.0%，对比 TXRF 法与 ICP-MS 法对鱼粉样品的测定结果，二者结果显示在 95% 置信区间无显著性差异。杨燕（2009）采用粉末压片法制样，用 XRF 法测定土壤中的砷，当 $n=11$ 时，RSD 为 1.02%，该方法与化学法测定结果数据基本一致。

7. 电化学方法

测定痕量砷的电化学方法主要有离子选择性电极法、示波极谱法、络合吸附波法、溶出伏安法等。用碘离子选择性电极测定 As（Ⅲ）的含量，测定结果表明，As（Ⅲ）的浓度在 1×10^{-6}～1×10^{-3} mol/L 线性较好，砷的检出限为 6.25×10^{-7} mol/L，回收率可达 97%～100%。

二、砷形态的检测方法

在环境和生物样品中，不同形态的砷的代谢机理不同，要准确地评估砷对环境和人类的危害、更好地研究砷的循环和转化，离不开砷的形态分析。因此在评价环境、食品安全时只检测总砷量而不标示形态是不科学的，砷形态的分析是现代生命分析化学的一个重要研究任务。

砷的形态分析是指分离、富集、鉴定和测定各种砷化合物的分析方法。

(一)样品储存

元素各形态之间会随样品基质和周围环境条件的改变而发生转化，因此对样品的保存条件有较高的要求。如何保存样品、使各形态化合物的损失和转化最小已成为形态分析的关键，也是难点之一。针对不同的样品，具体的储存方法也不同。①沉积物在萃取前可以进行冷冻干燥，但是不能直接晾干或暴露于空气中，否则会造成三价砷和砷糖含量的降低、五价砷含量的升高。②尿样采集后需置于 4 ℃暗处保存。③水样采集后需加硝酸、盐酸酸化或加抗坏血酸，防止 As（Ⅲ）被氧化成 As（Ⅴ）。④雨水和土壤间隙水添加乙二胺四乙酸（EDTA）并置于暗处保存可以减少砷化合物形态间的转化。⑤对于含有大量其他金属元素的矿井水，若要存放 24 h 以上，添加适量的 EDTA 并于−18 ℃条件下保存，可以避免 Fe^{2+} 或 Fe^{3+} 对砷形态的影响。⑥生物样品例如大米和鱼肉，分析前于−20 ℃条件下储存。⑦新鲜的植物样品也需要先在液氮中迅速降温，并保存于−80 ℃环境中，保存样品的玻璃容器也可能会使空白值增大，使用前需要经过严格处理。

(二)样品前处理

对砷进行形态分析，理想的前处理方法是既有良好的回收率又能保持砷在样品中的原始形态。生物样品的前处理是形态分析中的一个薄弱环节，既要求将目标化合物从复杂基体中定量提取出来，又不能破坏待测物在原试样中的形态及分布。

1. 生物样品的前处理

用有机溶剂提取生物样品中的砷，尤其是无机砷，回收率不高。原因在于有机溶剂不能破坏 As（Ⅲ）与带巯基的谷胱甘肽或蛋白质之间的化学键。而 As（Ⅲ）、DMA、MMA 和 As（Ⅴ）的分子结构中均含有酸性基团，是水溶性砷化合物。因此对于蛋白质含量较高的生物样品，为了使砷化物从蛋白中游离出来通常加入一定量的酶进行萃取；为保证砷化物得到充分萃取，样品的萃取过程一般都需要重复 3 次以上，将萃取液合并、离心、过滤膜、进样分析（杨红丽等，2007）。以去离子水、低浓度酸、甲醇-水、氯仿-甲醇-水和胰蛋白酶水解液为提取液，用微波、超声辅助提取和加速溶剂萃取，不仅提取率高，而且耗时短，得到广泛的应用。贻贝和角鲨中 AsV、MMA、DMA、AsB、AsC 采用甲醇-水（1∶1）提取，超声离心，在室温下蒸发，残渣用水溶解，检测方法为液相色谱-紫外-氢化物发生-电感耦合等离子体原子发射光谱法（LC-UV-HG-ICP/OES）。海鱼罐头中的 As（Ⅲ）、As（Ⅴ）、DMA、AsB、AsC、AsL 的提取采用胰蛋白酶加碳酸铵提取，37 ℃水浴振荡，碳酸氢铵稀释超速离心后过膜。

2. 环境水样的前处理

环境水采样后加酸于−20 ℃条件下保存，分析前离心，滤液过 0.45 μm 滤膜，过滤时要尽量减少与空气的接触，以减少氧化，过滤后，立即加入 EDTA，以螯合金属离子、稳定 pH、降低微生物的活性来保持砷的原有形态。尿样也是离心后过 0.45 μm 滤膜，滤液直接进行高效液相色谱（HPLC）仪器分析。

3. 土壤、沉积物的前处理

常采用甲醇-水或磷酸等不同的萃取液，经振荡或超声萃取提取砷化物。按照使用提取液的不同又可以分为酶提取、水提取、甲醇提取、甲醇-水提取、磷酸-抗坏血酸提取、草酸铵-磷酸和盐酸提取等。

按照采用辅助仪器的不同，又分为振荡提取、超声提取、微波辅助萃取、加速溶剂萃取、微柱提取等。其中超声提取、微波辅助萃取和加速溶剂萃取的萃取效率较高，萃取时间较短，将会得到广泛的应用。

通常根据样品基质的不同选择不同的提取液和提取方法。1∶1的甲醇-水是应用最多的提取液，但是加入甲醇对色谱分离有影响，通常要在进色谱柱前用充 N_2 气流或旋转蒸发的方法加以去除。

(三) 砷的形态分离技术

砷形态分析中常用的分离技术有溶剂萃取法、氢化物发生法、色谱法等。

溶剂萃取法是利用不同形态的砷对溶剂的亲和能力的不同而达到分离的目的，Karadjova 等（2005）分别用 pH 5.1 的柠檬酸缓冲溶液萃取了 As（Ⅲ），用 0.2 mol/L 的乙酸萃取了 DMA，最后用 8 mol/L 的盐酸测定了总无机砷［As（Ⅲ）、As（Ⅴ）之和］，该方法测定不同的砷化物时需要更换溶剂，操作复杂。

氢化物发生法是利用 As（Ⅲ）容易生成易挥发的胂（AsH_3）从基体挥发出来的特点来测定 As（Ⅲ）的含量，它可以大大减少基体的背景干扰，被广泛应用于无机砷 As（Ⅲ）和 As（Ⅴ）的分离，但该方法对有机砷化物的分离目前还比较困难。

色谱法又包括离子交换色谱法（ion-exchange chromatography，IEC）、离子对色谱法（ion-pairchromatography，IPC）、反相高效液相色谱法（reverse-phase high performance liquid chromatography，RP-HPLC），色谱法是最近发展起来的可以同时分离无机和有机砷化物的方法，该方法主要通过调节缓冲溶液的 pH 使砷化物带一定数目的电荷，然后采用不同的色谱方法进行分离，简单快捷，可以和检测技术联用实现在线分析，是目前砷形态分析中应用最广泛的分离方法。此外还有毛细管电泳法（capillary electrophoresis，CE）以及多维色谱法（multidimensional chromatography）等方法。

(四) 砷形态测定的联用技术

色谱分离技术和元素特征检测技术的联用综合了色谱的高效分离功能和元素特效检测器的高选择性的优点，联用技术的选择性、灵敏度都更高，使得联用技术成为砷形态分析中的重要手段。在砷形态分析中，常用的检测技术包括原子吸收光谱法（AAS）、原子荧光光谱法（AFS）、电感耦合等离子体发射光谱法（ICP-AES）、电感耦合等离子体质谱法（ICP-MS），这些检测技术多与高效液相色谱（HPLC）分离技术联用分离分析砷化物。毛细管电泳也被应用到砷的形态分离中，并与氢化物发生-原子荧光光谱联用（CE-HG-AFS）进行分离和测定。

高效液相色谱-电感耦合等离子质谱法（HPLC-ICP-MS）是目前进行砷形态分析最为有效的方法之一，其特点在于色谱分离灵活性强，可采用多种分离模式，检测器的线性范围宽、检出限低、使用广泛，同时减少了基体干扰，使色谱条件优化更加简单，适用于多种无机砷和有机砷的同步测定。柏凡等（2006）建立了有机砷制剂中无机砷的 HPLC-ICP-MS 测定方法，并采用建立的方法对市售阿散酸、洛克沙胂中的无机砷进行了实际测定。王培龙等（2008）通过优化色谱条件、电感耦合等离子体质谱检测条件、提取条件和基体干扰等试验，采用此法获得洛克沙胂和阿散酸的检出限分别为 0.6 ng/g 和 0.2 ng/g，不同浓度的两种化合物的加标回收率为 82.7%~97.6%，相对标准偏差低于 8.1%。王博等（2018）也通过 HPLC-ICP-MS 建立了饲料中 4 种砷形态［As（Ⅲ）、As（Ⅴ）、氨苯胂酸和洛克沙胂］的分析方法，优化后的 4 种砷形态检测限在 0.05~0.10 µg/L，加标回收率在 85.9%~104.6%。

黄娟等（2018）基于阴离子交换色谱柱，以碳酸氢铵溶液为流动相进行梯度淋洗，建立了饲料中 7 种砷形态的 HPLC-ICP-MS 分析方法，7 种化合物在 20 min 内实现基线分离，检出限为 0.2~0.6 µg/L，RSD 小于 5%，加标回收率在 82.3%~104.7%。

刘桂华等（2002）通过 HPLC-ICP-MS 联用技术探讨了紫菜中砷的形态，样品经纯水萃取，再经甲醇稀释，得到待测物，经过 HPLC-ICP-MS 进行分析。该研究比较了两种不同的 HPLC 条件（阴离子交换柱和阳离子交换柱），其中阴离子交换色谱柱分离出砷的形态最多，而阳离子交换柱并没有检测出 AsB、AsC。

三、砷分布的检测方法

（一）激光烧蚀法

固体微区分析一直是分析科学发展中令人关注的前沿领域。激光烧蚀-电感耦合等离子体质谱技术（LA-ICP-MS）原位、实时、快速的分析优势，高灵敏度、较好的空间分辨率（<10 pm）和多元素同时检测的能力，使之已被广泛地用于固体样品的微区多元素分析。

激光烧蚀技术主要是利用激光轰击样品产生相应的等离子体气流，随后进入 ICP-MS 进行样品的元素测定。魏帅（2016）曾采用物理剥离和激光烧蚀串联电感耦合等离子体质谱（LA-ICP-MS）技术，确定了镉等重金属元素在水稻籽粒中的富集部位。

由于 LA-ICP-MS 技术的基体效应、分析物质的采集和传输变化都较常规溶液 ICP-MS 法严重，因此需要有效的校准方法来补偿这些变化。应用激光烧蚀-等离子体质谱同时分析未知石榴子石样品中 43 个元素的研究（贾泽荣等，2009）显示，在剥蚀深度基本一致的情况下，激光线扫描和单点剥蚀取样方式对相对灵敏度系数没有显著影响。

（二）同步辐射法

同步辐射技术主要是将带电粒子加速产生的脉冲电流发射到样品上，根据相应的荧光信号对元素含量进行分析；与激光烧蚀技术相比，同步辐射技术能够在保持样品完整的基础上实现原位检测。同步辐射 X 射线吸收光谱技术因样品前处理简单、破坏性小而受到青睐。

储彬彬等（2017）基于同步辐射 X 射线荧光光谱（SRXRF）和 X 射线吸收近边结构谱（XANES）技术，开展了铅锌矿区天然富砷浮萍样品中砷元素的微区分布和形态特征研究，SRXRF 微区分析发现浮萍中砷元素具有显著的叶脉分布特征，在一定浓度范围内，砷并不扩散到进行光合作用的叶肉中。Zhang 等（2020）针对浸泡稻米中砷等多元素分布变化的同步辐射研究（图 1-5）显示，砷元素主要分布在籽粒的糠粉层和胚中，此外糙米籽粒中镁元素分布较为均匀，钙元素主要分布在胚中，在其余区域也有少量的分布，锌、铁元素主要分布在胚中。与对照（N_0）相比，50 ℃浸泡后，整个糙米籽粒中代表砷、镁元素的高含量面积明显减小；钙元素的区域有轻微的迁移和减小，然而锌、铁元素的含量没有明显变化。

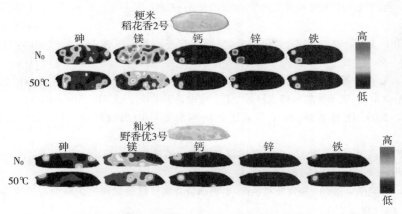

图 1-5 同步辐射测定稻米中多种元素的分布（Zhang et al.，2020）

主 要 参 考 文 献

柏凡，李云，高庆军，2006. 用液相色谱-等离子质谱联用法测定有机砷制剂中的无机砷含量 [J]. 现代
科学仪器（1）：80-81.

卞春，季澜洋，刘萍，等，2013. 双光道原子荧光光谱法测定小麦粉中的砷和汞总量 [J]. 中国粮油学
报，28（11）：108-111.

陈必琴，2017. 氢化物发生原子荧光光谱法检测食品总砷的前处理研究 [J]. 农产品加工（7）：21-23，26.

陈冬梅，黄慧萍，盛绍基，等，2004. 野外现场多元素快速分析方法的研究和应用Ⅳ. 砷和镉的微珠比
色测定 [J]. 岩石矿物分析，23（1）：25-29.

储彬彬，罗立强，马艳红，2017. 基于同步辐射 X 射线荧光光谱和 X 射线吸收近边结构谱研究铅锌矿区
浮萍中砷的耐受机制 [J]. 分析化学，45（5）：668-673.

胡曙光，梁春穗，王小军，等，2012. 石墨炉原子吸收光谱法测定海藻制品中的砷 [J]. 光谱试验室，
29（3）：1789-1795.

胡曙光，苏祖俭，黄伟雄，等，2014. 食品中重金属元素痕量分析消解技术的进展与应用 [J]. 食品安
全质量检测学报，5（5）：1270-1278.

黄娟，任玉琴，饶凤琴，2018. 高效液相色谱-电感耦合等离子体质谱联用技术测定饲料中 7 种砷形态化
合物 [J]. 中国饲料（1）：81-85.

贾泽荣，詹秀春，何红蓼，等，2009. 归一化定量技术在激光烧蚀-等离子体质谱测定石榴子石多元素中
有关问题的讨论 [J]. 岩矿测试，28（5）：411-415.

焦怀鑫，梅玉强，2015. 原子荧光光谱法测定地表水中的砷 [J]. 浙江化工，46（8）：49-51.

李浩洋，李蓉，林晓云，等，2016. ICP-MS 测定饼干中的铅、砷、铬、镉、铜、锌、铁和锰 [J]. 粮油
食品科技，24（2）：65-68.

刘桂华，汪丽，2002. HPLC-ICP-MS 在紫菜中砷形态分析的应用 [J]. 分析测试学报，21：88-90.

刘曙，华若男，朱志秀，等，2015. 原子荧光光谱法测定萤石中砷含量：实验室内验证 [J]. 分析试验
室，34（8）：939-942.

马晓国，梁奕昌，1998. 比光谱导数分光光度法同时测定微量磷和砷 [J]. 分析测试技术与仪器，4
（3）：169-173.

石变芳，刘达，张小满，等，2016. 微波消解-ICP-MS 法测定煤炭中汞、铍、砷和铀 [J]. 实验室研究与
探索，35（11）：4-7.

宋俊华，2009. 美国国家环保局就有机砷化合物的使用和其生产企业达成协议［J］. 农药科学与管理，30（4）：55.

孙中华，杨晓非，丁杨，等，2017. 氢化物发生-原子荧光法测定玉米中痕量砷［J］. 种子世界（5）：18-19.

王博，张浩然，陆淳，等，2018. 高效液相色谱-电感耦合等离子体-串联质谱法同时测定饲料中As（Ⅲ）、As（Ⅴ）、氨苯肿酸和洛克沙肿［J］. 分析科学学报，34（1）：100-104.

王凯，高群玉，2009. 微波消解-原子荧光光谱法测海产品中的微量砷［J］. 现代食品科技（7）：848-851.

王培龙，苏晓鸥，高生，等，2007. 应用电感耦合等离子质谱测定饲料中的微量元素的研究［J］. 光谱学与光谱分析，27（9）：1841-1844.

王培龙，田静，苏晓鸥，2008. 高效液相色谱-电感耦合等离子体质谱测定饲料中有机肿的研究［J］. 分析化学，36（2）：215-218.

魏帅，2016. 稻米中镉元素分布部位及赋存形态研究［D］. 北京：中国农业科学院.

邢凤晶，陆君，崔巍，等，2016. 氢化物发生及冷蒸汽-原子吸收分光光度法测定金银花中砷和汞的含量［J］. 中国卫生产业，13（23）：104-106.

杨红丽，王镨，朱四喜，等，2007. 联用技术在砷形态分析中的应用进展［J］. 浙江海洋学院学报（自然科学版）（1）：68-76.

杨文君，肖明，2016. 枸杞田农药中砷、镉输入统计与相关含量比较［J］. 青海大学学报（自然科学版），34（5）：25-29.

杨燕，2009. X射线荧光光谱法测定土壤中砷、镍、锌的研究［J］. 安徽农业科学，37（31）：15333-15334.

张帆，2020. 糙米砷元素的分布规律及加工变化研究［D］. 北京：中国农业科学院.

张浩然，王博，曹莹，2017. 电感耦合等离子体质谱测定多种饲料中总砷的研究［J］. 饲料研究（10）：24-27.

钟一平，2017. 原子荧光光谱法测定大米中的砷含量［J］. 粮食储藏，5（26）：27-29.

周衡刚，朱克卫，徐正华，等，2020. 悬浮液进样-全反射X射线荧光光谱法测定进口鱼粉中的铬、砷、汞、铅含量［J］. 饲料研究，43（10）：98-100.

Allevato E，Stazi S R，Marabottini R，et al.，2019. Mechanisms of arsenic assimilation by plants and countermeasures to attenuate its accumulation in crops other than rice［J］. Ecotoxicology and Environmental Safety，185（Dec.）：109701.1-109701.13.

Bednar A J，Garbarino J R，Ferrer I，et al.，2003. Photodegradation of roxarsone in poultry litter leachates［J］. Science of the Total Environment，302：237-245.

Bellamri N，Morzadec C，Fardel O，et al.，2018. Arsenic and the immune system［J］. Current Opinion in Toxicology，10：60-68.

Bjorklund G，Aaseth J，Chirumbolo S，et al.，2017. Effects of arsenic toxicity beyond epigenetic modifications［J］. Enviromental Gochemistry and Health，40（3）：955-965.

Bobé P，Bonardelle D，Benihoud K，et al.，2006. Arsenic trioxide：a promising novel therapeutic agent for lymphoproliferative and autoimmune syndromes in MRL/lpr mice［J］. Blood，108（13）：3967-3975.

Bose P，Sharma A，2002. Role of iron in controlling speciation and mobilization of arsenic in subsurface environment［J］. Water Research，36（19）：4916-4926.

Brown K G，Guo H R，Kuo T L，et al.，1997. Skin cancer and inorganic arsenic：uncertainty-status of risk [J]. Risk analysis : an official publication of the Society for Risk Analysis, 17 (1): 37-42.

Chen Y, Wu F, Graziano J H, et al. , 2013. Arsenic exposure from drinking water, arsenic methylation capacity, and carotid intima-media thickness in Bangladesh [J]. American Journal of Epidemiology, 178 (3): 372-381.

Cohen S M, Arnold L L, Beck B D, et al. , 2013. Evaluation of the carcinogenicity of inorganic arsenic [J]. Critical Reviews in Toxicology, 43 (9): 711-752.

Cohen S M, Chowdhury A, Arnold L L, et al. , 2016. Inorganic arsenic: a non-genotoxic carcinogen [J]. Journal of Enviromental Sciences-China, 49: 28-37.

Coelho N M M, A. Cósmen da Silva, Silva C M D, 2002. Determination of As (Ⅲ) and total inorganic arsenic by flow injection hydride generation atomic absorption spectrometry [J]. Analytica Chimica Acta, 460 (2): 227-233.

Dodmane P R, Arnold L L, Kakiuchi-Kiyota S, et al. , 2013. Cytotoxicity and gene expression changes induced by inorganic and organictrivalent arsenicals in human cells [J]. Toxicology, 312: 18-29.

Drobna Z, Waters S B, Devesa V, et al. , 2005. Metabolism and toxicity of arsenic in human urothelial cells expressing rat arsenic (＋3 oxidation state) -methyltransferase [J]. Toxicology and Applied Pharmacology, 207 (2): 147-159.

Efremenko A Y, Seagrave J, Clewell H J, et al. , 2015. Evaluation of gene expression changes in human primary lung epithelial cells following 24-hr exposures to inorganic arsenic and its methylated metabolites and to arsenic trioxide [J]. Environmental and Molecular Mutagenesis, 56 (5): 477-490.

Haque R, Chaudhary A, Sadaf N, 2017. Immunomodulatory role of arsenic in regulatory T cells [J]. Endocrine, metabolic and immune disorders drug targets, 17 (3): 176-181.

Haque R, Mazumder D N, Samanta S, et al. , 2003. Arsenic in drinking water and skin lesions: dose-response data from West Bengal, India [J]. Epidemiology, 14 (2): 174-182.

Hossain M B, Vahter M, Concha G, et al. , 2012. Environmental arsenic exposure and DNA methylation of the tumor suppressor gene p16 and the DNA repair gene MLH1: effect of arsenic metabolism and genotype [J]. Metallomics, 4 (11): 1167-1175.

Hsueh Y M, Chiou H Y, Huang Y L, et al. , 1997. Serum β-carotene level, arsenic methylation capability, and incidence of skin cancer [J]. Cancer Epidemiology Biomarkers and Prevention, 6 (8): 589-596.

Hubaux R, Becker-Santos D D, Enfield K S, et al. , 2013. Molecular features in arsenic-induced lung tumors [J]. Molecular Cancer, 12 (1): 20.

IARC, 2004. Working group on the evaluation of carcinogenic risks to humans. some drinking-water disinfectants and contaminants, including arsenic [J]. IARC Monographs on the Evaluation of Carcinogenic Risks to Humans, 84: 269-477.

Jones F T, 2007. A broad view of arsenic [J]. Poultry science, 86 (1): 2-14.

Karadjova I B, Leonardo L, Massimo O, et al. , 2005. Continuous flow hydride generation-atomic fluorescence spectrometric determination and speciation of arsenic in wine [J]. Spectrochimica Acta, Part B, 60: 816-823.

Kesari V P, Kumar A, Khan P K, 2012. Genotoxic potential of arsenic at its reference dose [J]. Ecotoxicology and Environmental Safety, 80: 126-131.

Leal L O, Forteza R, Cerdà V, 2006. Speciation analysis of inorganic arsenic by a multisyringe flow injection system with hydride generation-atomic fluorescence spectrometric detection [J]. Talanta, 69 (2): 500-508.

Li C，Guan T，Gao C，et al.，2015. Arsenic trioxide inhibits accelerated allograft rejection mediated by alloreactive CD8 （＋） memory T cells and prolongs allograft survival time ［J］. Transplant Immunology，33 （1）：30-36.

Mahimairaja S，Bolan N，Adriano D C，2005. Arsenic contamination and its risk management in complex environmental settings ［J］. Advances in Agronomy，86 （5）：1-82.

McClintock T R，Chen Y，Bundschuh J，et al.，2012. Arsenic exposure in Latin America：biomarkers，riskassessments and related health effects ［J］. Science of Total Environment，429：76-91.

Naujokas M F，Anderson B，Ahsan H，et al.，2013. The broad scope of health effects from chronic arsenic exposure：update on a worldwide public health problem ［J］. Environmental Health Perspectives，121 （3）：295-302.

Nemeti B，Poor M，Gregus Z，2015. Reduction of the pentavalent arsenical dimethylarsinic acid and the GSTO1 substrate S-(4-Nitrophenacyl) glutathione by rat liver cytosol：analyzing the role of GSTO1 in arsenic reduction ［J］. Chemical Research in Toxicology，28 （11）：2199-2209.

Palma L I ，Martínez-Castillo M，Quintana-Pérez J C，et al.，2020. Arsenic exposure：A public health problem leading to several cancers ［J］. Regulatory Toxicology and Pharmacology，110：104539.

Prasad P，Sinha D，2017. Low-level arsenic causes chronic inflammation and suppresses expression of phagocytic receptors ［J］. Environmental Science and Pollution Research，24 （12）：11708-11721.

Pratheeshkumar P，Son Y O，Divya S P，et al.，2016. Oncogenic transformation of human lung bronchial epithelial cells induced by arsenic involves ROS-dependent activation of STAT3-miR-21-PDCD4 mechanism ［J］. Scientific Reports，6：37227.

Rebecca F，2018. Identifying epigenetic links for arsenic-associated bladder cancer：from human population data to the cancer genome atlas （TCGA） ［C/OL］. （2018-06-19） ［2021-05-05］. https：// www. iarc. who. int/news-events/iarc-seminars-identifying-epigenetic-links-for-arsenic-associated-bladder-cancer-from-human-population-data-to-the-cancer-genome-atlas-tcga/.

Silva L，Lemaire M，Lemarié CA，et al.，2017. Effects of inorganic arsenic，methylated arsenicals，and arsenobetaine on atherosclerosis in the mouse model and the role of as3mt-mediated methylation ［J］. Environmental Health Perspectives，125 （7）：077001.

Steinmaus C，Ferreccio C，Acevedo J，et al.，2014. Increased lung and bladder cancer incidence in adults after in utero and early-life arsenic exposure ［J］. Cancer epidemiology，Biomarkers and Prevention，23 （8）：1529-1538.

Sugita M，Kitada O，2005. Arsenic contamination and its risk management in complex environmental settings ［J］. Advances in Agronomy，86 （5）：1-82.

Vahter M，2002. Mechanisms of arsenic biotransformation ［J］. Toxicology：181-182，211-217.

Xie J J，Yuan C G，Shen Y W，et al.，2019. Bioavailability/speciation of arsenic in atmospheric PM2. 5 and their seasonal variation：a case study in Baoding city，China ［J］. Ecotoxicology and Environmental Safety，169：487-495.

Yang H C，Fu H L，Lin Y F，et al.，2012. Pathways of arsenic uptake and efflux ［J］. Current Topics in Membranes，69：325-358.

Zhang F，Gu F，Yan H，et al.，2020. Effects of soaking process on arsenic and other mineral elements in brown rice ［J］. Food Science and Human Wellness，9 （2）：168-175.

Zhou Q，Xi S，2018. A review on arsenic carcinogenesis：Epidemiology, metabolism，genotoxicity and epigenetic changes ［J］. Regulatory Toxicology and Pharmacology，99：78-88.

第二章 谷物生产加工中砷的迁移与控制

粮食安全是国家安全的基础，近年来，我国已实施粮食数量安全和质量安全并重的基本国策，调整先前只注重粮食数量安全的战略理念，在不同的发展阶段，开展了各种规模和各种类型的粮食质量安全监测工作。20 世纪 80 年代我国已经加入由世界卫生组织（WHO）、联合国粮食及农业组织（FAO）和联合国环境规划署（UNEP）共同设立的全球环境监测系统/食品污染物监测和评估计划（GEMS/Food），开展食品污染物的监测。

国土资源部（现自然资源部）曾根据我国土壤污染形势估算出我国每年受重金属污染的粮食超过 1 200 万 t，相当于西北五省份（陕西省、甘肃省、青海省、宁夏回族自治区、新疆维吾尔自治区）总人口一年的口粮，直接经济损失超过 200 亿元。砷广泛存在于土壤、沉积物、水体和动植物体内，微量砷是动物和人体必需的营养元素（张玉芝，2004），砷的过量供应或微量砷的长期累积会对植物、动物和人体产生毒害作用。随着环境污染的日益严重，谷物中无机砷的超标情况屡有发生，严重危害着消费者的身体健康，同时给我们的食品安全带来了极大的隐患。本章分析了谷物中砷的来源、富集及形态，总结了目前谷物生产加工中的控砷措施，以期为我国粮食安全生产提供参考。

第一节 谷物中砷的来源及富集

一、稻米中砷的来源及富集

（一）稻米中砷的来源

因为不同年龄、群体和地区的人们食用米粒、米浆和米糠，所以稻米中砷积累的问题成为全球关注的问题。研究表明，对于非饮用水砷污染暴露的人群来说，稻米是其砷暴露的主要来源。可以说稻米的砷污染是一个全球性的环境问题。砷在谷物中的含量和形态受灌溉制度、地理位置和环境（Awasthi et al.，2017）、水稻基因型（Bhattacharya et al.，2010）和稻米加工的影响（Zhang et al.，2020）。

砷污染地区的风源和水源也显著影响砷的分布。环境中除了天然存在的矿物、土壤、水和空气等中存在砷，杀虫剂、除草剂、农药、化肥、采矿产生的矿石、矿山尾矿、废水和废尘、工业三废的排放也是环境中砷污染的主要原因（王瑶瑶等，2019）。岩石风化、火山爆发等自然活动会将砷引入水体和土壤，而随着工业的不断发展，无节制的矿藏开采和三废排放也逐步导致了土壤和水中砷含量的升高。迄今为止，我国、孟加拉国、柬埔寨、印度、蒙古、缅甸、尼泊尔、巴基斯坦、泰国和越南等多个国家和地区均发生过较严重的稻田砷污染事件（彭小燕等，2010），污染来源主要包括砷污染的地下水灌溉、采矿活动及一些农业生产活动。在孟加拉国，每年通过灌溉水进入耕地（主要为水稻田）的砷大约有 1 000 t，调研显示该国部分地区的稻田土壤砷含量高达 46 mg/kg，是该国土壤砷背景值的 4~9 倍。韩国明峰（Myungbond）金银矿区周边的稻田也存在严重的砷污染现象，当地稻田土壤砷含量为 25～131 mg/kg，为该国土壤砷背景值的 2～22 倍。我国部分工矿区也存在稻田砷污染的问题，抽样结果显示矿区周围的稻米样品中无机砷和总砷的含量显著高于非矿区，其中受矿区影响的稻米样品总砷值高达 624 μg/kg，部分样品无机砷含量超过 300 μg/kg。湖南郴州工业区附近稻田砷含量曾高达 866 mg/kg，浙江绍兴废弃的铅锌尾矿区也曾发生过类似的稻田砷污染事件，导致大量稻米砷超标。

此外，在砷污染地区，煮熟的稻米中砷的含量高的主要原因，还包括采用砷污染的水做饭和使用了受污染的米粒（Kumarathilaka et al.，2019）。因为煮熟的稻米中含有大量的砷，蒸煮水的来源已经引起了人们的高度重视。作为污染地区，特别是部分亚洲地区，人们主要依赖可能被污染的地下水作为烹饪用水。由于社区使用砷污染的水（＞50 μg/L）烹饪稻米，柬埔寨无机砷摄入是 2010 年由联合国粮食及农业组织/世界卫生组织食品添加剂专家委员会（联合）制定的临时每日耐受摄入量（provisional tolerable daily intake value，PTDI）2.1 μg/kg（已撤销）的 24 倍。在印度的穆尔希达巴德（Murshidabad）和奈妲（Naida）地区，使用砷污染的烹饪水（0.001～0.200 mg/L）导致熟稻米中砷含量比生稻米增加了大约两倍。

人们摄入砷的量受烹饪方法的影响，人们的饮食习惯会随着年龄、性别和地区的不同而变化，还会随着季节的变化而变化。即使在灌溉水进口附近有高砷浓度记录的同一块农田里，砷浓度也会发生变化。因此，对健康风险的评价还需考虑水和食物的砷浓度季节性变化、食物及水分摄入量的季节性变化以及新陈代谢的季节性变化等。

(二)稻米中砷的富集

1. 稻米中砷的转运累积

砷酸盐［As（V）］是有氧土壤环境中主要的砷形态。因对土壤中氧化铁/氢氧化物有较强的亲和力，所以砷酸盐在土壤溶液中的浓度通常较低。生理学和电生理学研究结果表明，高等植物中砷酸盐和磷酸盐具有相同的转运途径，转运体对磷酸盐的亲和力高于对砷酸盐的亲和力。

亚砷酸盐［As（Ⅲ）］是水稻淹水土壤等还原性环境中最主要的砷形态，从热力学角度看，在中间氧化还原电位上砷酸盐很容易被还原为亚砷酸盐（Inskeep et al.，2002）。水稻土壤的淹水导致亚砷酸盐进入土壤溶液中，并随着水稻的生物利用度的提高而提高（Xu et al.，2008）。砷酸盐通过磷酸盐转运体被吸收，许多水通道蛋白（NIPs）能够运输亚砷酸盐。在水稻中，亚砷酸盐的根细胞吸收并进入木质部的途径与硅（Si）途径高度相似。在根细胞中，砷酸盐迅速还原为亚砷酸盐，亚砷酸盐被排到外部媒介中与硫醇肽络合或被转移到芽上。亚砷酸盐的吸收对根生长在厌氧或半厌氧环境中的水稻和其他水生植物而言尤为重要。研究发现了 *OsNIP2;1*（水稻亚硒酸盐转运子，是类 NOD26 内在蛋白家族的成员），也称为 *Lsi1*，主要定位在根的外皮层和内皮层外侧细胞膜，而该部位是凯氏带（casparian strip）所在的位置，它的主要功能是作为硅（Si）转运体，同时也是亚砷酸盐进入水稻根系的主要途径（图 2-1）。抑制 *Lsi1* 的表达导致水稻硅吸收减少，研究显示，与野生型水稻相比，在短时间（30 min）内亚砷酸盐流入水稻 *Lsi1* 突变体根部的量减少了 60%。这表明，亚砷酸盐进入水稻根细胞共享硅（Si）的转运途径（Zhao et al.，2009）。

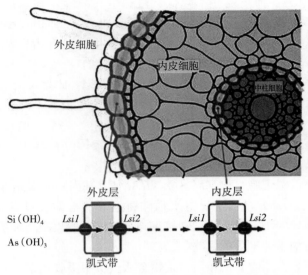

图 2-1　水稻（*Oryza sativa*）根的砷吸收途径

Lsi1、*Lsi2*. 硅的转运体

2. 稻米品种对砷富集的影响

（1）不同稻米品种砷富集的差异

研究表明，不同品种水稻籽粒中砷的积累能力存在显著差异，对湖南不同地区种植的123 种水稻品种的砷富集情况进行分析，可知水稻籽粒中砷含量最高的品种的砷含量可为最低品种的 3.4 倍。水稻籽粒砷含量与水稻秸秆砷含量呈显著正相关关系（$P<0.001$）。不同试验点不同基因型水稻籽粒积累量也呈现极显著正相关关系（$P<0.001$）。在低污染稻田生长的杂交稻的生物量和稻米砷含量均显著高于常规稻。筛选获得 BR-3、BHD-7 和 BHD-3 为稳定的砷低积累的水稻品种，XFY390、YLY888、ZD99 和 SD11 为高砷积累水稻品种（王玉峰等，2017）。相比而言糯稻比常规稻更加适合在高砷地区推广种植，尽管杂交稻具有抗病、抗倒伏、高产、稳产等特性，但由于其对砷具有较强的吸收、积累能力，应尽可能避免在砷浓度较高的农田土壤中种植（刘志彦等，2008）。根据在孟加拉国、印度和我国种植的 13 个品种来评估稻米籽粒中砷的积累。结果显示有一个显著的位点的基因通过相互作用影响籽粒中砷的积累。但这种相互作用仅在孟加拉国和印度的样品中能观察到，这表明不同基因型在不同的地域的影响作用不同（Gareth et al.，2009）。

自然界中砷的化合物多以砷酸盐的形态存在于土壤中。而在化学性质上，砷酸盐与植物生长过程中所需磷肥的磷酸盐非常相似，因此植物体内负责吸收磷酸盐的运输蛋白很难区别两者，经常误将砷酸盐一并带入体内。在中国科学院上海生命科学研究院植物生理生态研究所的植物分子遗传国家重点实验室，晁代印研究组与英国阿伯丁大学及南京农业大学等研究团队合作，发现了植物中调控砷元素积累的关键基因，使培育低砷甚至无砷农作物成为可能。

（2）不同稻米品种对砷耐受性的差异

除了在砷累积和分布方面存在差异，不同水稻品种同样存在显著的砷耐性差异。水稻砷毒害的一般表现为：种子发芽率降低、植株生长减缓及稻米产量下降等。砷胁迫下各基因型水稻根系相对伸长量、根系对砷的吸收能力（specific arsenic uptake，SAU）、砷转运系数（translocation factor，TF）、谷粒和茎叶生物量等指标被用来表征水稻品种对砷的耐性指数。有研究认为，野生稻对砷的耐性大于栽培稻；杂交稻对砷的吸收能力大于常规稻；所有参试水稻根系中砷含量远大于茎，前者约为后者的 13.8 倍（赵会，2014），而夏稻对 As（V）或 As（Ⅲ）的耐性比冬稻高。砷胁迫下各基因型水稻中脯氨酸的含量与根伸长量、SAU、TF 之间存在负相关关系，但仅与根伸长量的相关性达到显著水平。根中砷与铜含量呈显著负相关关系，但在茎中，砷却与铁的含量呈显著正相关关系。

而自然抗性相关巨噬细胞蛋白基因（OsNRAMP1 基因）的多态性被认为与各基因型水稻砷耐性显著相关，Lsi1 序列变异与水稻砷胁迫下的根伸长量有关。对稻米砷累积、分布和耐性基因型差异的研究将为筛选和培育砷高耐性、低累积品种奠定基础。

（3）环境因素对稻米砷富集的影响

土壤对砷元素有着强烈的固定作用，植物会从土壤中吸收过量的砷元素而对自身造成危害。植物根系从土壤中吸收大量的砷元素后会干扰植物体内 ATP 的形成以及酶活化等生理代谢活动，引起体内活性氧的过量生成，导致膜脂过氧化，并对蛋白质等功能性物质造成损伤，引发一系列的植物疾病。比如美国、澳大利亚分别报道了受砷胁迫而产生的植物病变："straight head" 病变是指植物不易出穗；"parrot break" 病变是指植物谷物籽粒畸形（Williams et al.，2003）。

较多研究表明，水稻是易于富集砷的植物，水稻富集砷元素的程度受土壤环境（氧化还原电位、pH、浓度等）影响较大，砷在干旱缺水条件下的主要形态是砷酸，在淹水条件下土壤中的砷元素主要以毒性更强的亚砷酸形态即三价砷为主，便于通过磷元素的载体通道进入水稻根部。有研究通过水培试验发现水稻对不同形态砷元素的吸收程度不同，吸收顺序为：As（Ⅲ）＞As（V）＞MMA（V）＞DMA（V）（Raab et al.，2007）。Wu 等（2011）通过对目前的资料进行总结分析发现，水稻易于富集砷元素的原因主要有两个：一是水稻独特的淹水生长环境，便于土壤中的砷元素游离和吸附；二是砷元素和磷元素的相似结构和性质，水稻运输磷元素的同时协同运输了砷元素。进入根部的砷元素经过水稻植物体内的生物循环代谢被运输到植物体内的各个部位，经过富集对植株产生影响，比如种子发育迟缓、叶片发黄或坏死、植物生长缓慢、籽粒产量下降等（Bakhat et al.，2019）。

另外，植物络合素（phytochelatins，PCs）对亚砷酸盐的络合作用对砷的毒性降低起着至关重要的作用。我国学者曾以 6 个不同水稻品种为研究对象，分析了 PCs 对不同品种稻米砷积累过程的影响。低砷籽粒品种芽的 PCs 含量比高砷籽粒品种的芽的 PCs 含量高，但谷胱甘肽（GSH）含量低。随着积累量的增加，芽的 PCs 浓度与籽粒砷累积量呈负相关关系（Duan et al.，2011）。在水稻灌浆期对叶面喷施 0.5 mmol/L L-丁硫氨酸-亚砜亚胺（BSO，一种 GSH 体内合成抑制剂）分别能够降低芽积累 GSH 的 40%～63% 和 PCs 的 20%～55%，但对植株生长无明显影响。叶面喷施 BSO 后，叶片的砷浓度下降，而稻壳和糙米的砷浓度明显上升。这些结果表明，砷在水稻叶片中的 PCs 络合作用随着叶片向籽粒的迁移而降低，说明对 PCs 合成的调控可能减少水稻砷的积累。

二、其他谷物中砷的富集

（一）小麦中砷的富集

小麦是全球三大粮食作物之一，年产量超过 6 亿 t。由于小麦在有氧条件下生长以及对二氧化硅的亲和力较低，其体内砷的浓度相对较低。调查结果显示，在小麦中总砷浓度集中在 $0.010 \sim 0.500$ mg/kg，平均水平 < 0.100 mg/kg。对于小麦作物，特别是不同小麦品种中砷的转运与积累之间的关系，人们所知甚少。对 57 个小麦品种的研究结果表明，不同品种的小麦对砷酸盐的耐受性、积累和转运存在显著差异。小麦幼苗对砷的耐受性与 As（Ⅴ）吸收及根部砷浓度呈正相关关系，而与转运系数（TF）及 As（Ⅲ）的相对外排呈显著负相关关系。在 As（Ⅲ）的外排与 As（Ⅴ）耐受性之间则未发现显著相关性；其根部吸收的总砷的 $56\% \sim 83\%$ 能被排到营养液中。根砷浓度与 As（Ⅴ）的吸收呈正相关关系，与 As（Ⅲ）的相对流出量呈负相关关系，而与 As（Ⅲ）无显著相关性。也就是说，小麦对砷的耐受性主要来源于根系的固位，根细胞中的砷解毒对于暴露于 As（Ⅴ）下的小麦幼苗很重要（Shi et al.，2015）。

进一步的研究（史高玲等，2019）发现，砷胁迫会显著诱导小麦根系 GSH 和 PCs 的合成，并且砷耐性小麦品种根系砷的含量以及根系 GSH 和 PCs 的含量均显著高于砷敏感型小麦。用 BSO 抑制植物体内 GSH 和 PCs 的合成会显著增加砷对小麦的毒害，并且显著促进砷往地上部的转运。此外，对砷积累和耐性具有差异的两种小麦经 BSO 处理后变得无显著差异。这些结果表明，小麦根系 GSH 和 PCs 的含量在小麦砷耐性、砷积累和砷转运过程中起着重要的作用，并且是不同品种间差异的一个主要原因。

（二）玉米中砷的富集

玉米是世界上种植最多的谷物之一。根据联合国粮食及农业组织的数据，2011 年全球玉米产量超过 8.83 亿 t，高于小麦（7.04 亿 t）和稻米（7.23 亿 t）的产量。坦桑尼亚玉米籽粒中砷的含量为 $0.01 \sim 0.17$ mg/kg（Marwa et al.，2012）。在一些国家，如墨西哥，玉米的消费量很高，在这种情况下，高砷含量的玉米可能会对人们的健康造成威胁。

研究认为，玉米籽粒对砷的积累低于小麦。小麦籽粒中砷含量与土壤中砷全量、碳酸盐态砷、有效态砷均呈极显著相关关系；而玉米籽粒中砷与土壤砷各形态之间相关性不大。但不同基因型玉米对砷的抗性差异明显。甜糯玉米对砷的抗性较差，饲用玉米抗砷性较强。基于与砷抗性密切相关的生长发育综合指标，筛选出砷抗性较好的 SN2 玉米品种（刘华琳，2008）。

玉米遭受砷胁迫，根系首先受到伤害，籽粒产量的形成与开花后干物质的积累关系密切。高浓度砷胁迫使玉米产量发生显著变化，主要影响行粒数、穗长、千粒重等，对穗行数影响不大。砷胁迫也会显著影响玉米的品质，砷胁迫下玉米籽粒的总糖含量降低，葡萄糖、果糖、蔗糖等可溶性糖参与了逆境下植株体内渗透压的调节。随着砷浓度的增加，玉米籽粒中的淀粉含量先增加后降低。而低浓度砷的刺激可使玉米籽粒中粗脂肪含量升高，高浓度砷抑制脂肪的合成。

第二节　谷物中砷的形态及分布

一、谷物中砷的形态分析

（一）谷物中砷的主要形态

水稻等谷物中的砷元素的赋存形态主要以游离无机态的 As（V）（arsenate）、As（Ⅲ）（aesenite）为主，也有有机砷 MMA（monomethylarsonic acid）、DMA（dimethylarsinic acid）以及少量的 TMAO（trimethylarsine oxide）和 AsB（arsenobetaine）（图 2-2），以及其他的络合态如与植物络合素（PCs）络合形成 PCs-As。

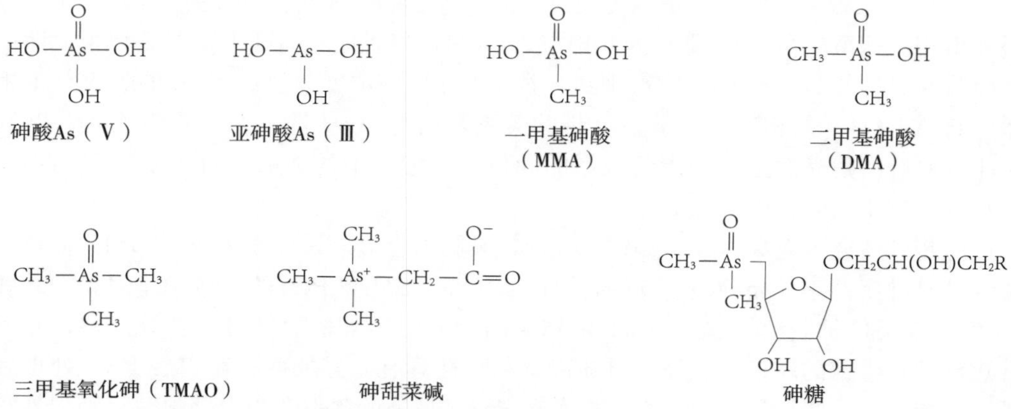

$$
\begin{array}{cccc}
\text{HO—As—OH} & \text{HO—As—OH} & \text{HO—As—OH} & \text{CH}_3\text{—As—OH}
\end{array}
$$

砷酸As（V）　　亚砷酸As（Ⅲ）　　一甲基砷酸（MMA）　　二甲基砷酸（DMA）

$$
\text{CH}_3\text{—As—CH}_3 \qquad \text{CH}_3\text{—As}^+\text{—CH}_2\text{—C=O} \qquad \text{CH}_3\text{—As}\cdots\text{OCH}_2\text{CH(OH)CH}_2\text{R}
$$

三甲基氧化砷（TMAO）　　　砷甜菜碱　　　　　　砷糖

图 2-2　常见砷形态及化学结构

一般种植条件下，水稻根系中砷的形态只有无机砷 As（Ⅲ）和 As（V），有机砷 DMA 和 MMA 在根、茎、叶中接近于无，总砷的含量中所占比例最大的为 As（Ⅲ）。若外源添加有机砷，则秸秆中除了 As（Ⅲ），还可测定出占较高比例的有机砷 DMA。由此可见，水稻中砷形态的含量差异可能是由砷的来源不同导致的。籽粒外层砷的主要形态为无机砷和 DMA；米糠中无机砷含量较高，其次是 DMA（巩佳第，2015）。砷含量差异较大的原因可能是籽粒中结合砷元素的物质较少，导致砷元素易于游离，不易富集在籽粒中。

（二）种植环境对谷物砷形态的影响

砷形态受砷的原子结构特征和配位原子特性的影响，参与生物代谢过程时，每个砷原子可与 C（甲基）、O 和（或）S（硫醇）等元素（基团）共享 3 个或 5 个电子。砷的形态也与其所处的生物环境相关，在不同条件下还会发生形态的转化。氧化还原电位（Eh）和 pH 对砷的存在形态影响较大，在高 Eh 条件下 As（V）含量较高，而在低 Eh 条件下（如淹水条件）As（Ⅲ）占主导地位。土壤中存在一些微生物，如 As（Ⅲ）还原细菌和 As（V）氧化细菌，可以在缺氧环境下将砷酸盐还原为亚砷酸盐。此外，酸性环境中溶解的硫化物可作为还原剂还原砷酸。而在有氧条件下，由于铁和铝的氧化物或氢氧化物具有较强的吸附作用，土壤溶液中砷酸盐的含量通常很低（<1 μmol/L），砷酸盐的生物利用率普遍较低。研究显示在土壤溶液中 As（Ⅲ）是主要的赋存形态，约占 91%，其次是

As（V），约占 8%，而 DMA（V）的含量相对较低，仅占 1%，同时并未检测到其他形态。黄亚涛等（2013）的试验结果显示，与土壤中各形态砷的含量规律一致，稻米中同样是无机砷所占的比例最高，达到了 78.3%，其次是二甲基砷（DMA），为 18.9%，而一甲基砷（MMA）含量非常低，且仅在少数水稻样品中有检出。

二、谷物中砷的分布及结合状态

（一）谷物中砷的分布

水稻的独特生长环境使其富集砷的能力高于其他粮食作物。水稻中富集的砷元素通过植物体的内部循环作用逐渐被运输到茎、叶，最后到达水稻籽粒中。有研究对水稻不同部位的砷元素含量进行测定分析时发现，砷元素的分布具有一定的顺序性，水稻各个部位的砷含量分布顺序为根＞叶＞茎＞穗＞籽粒（Allevato et al.，2019）。造成砷元素含量差异显著的原因有很多，水稻根部吸收利用土壤中砷元素主要是通过相应的载体蛋白，水稻富集砷含量的高低与载体蛋白的运输能力以及土壤条件有紧密的联系，还会受种植条件（气候、温度、邻近污染源等）的影响（Upadhyay et al.，2019）。

稻米籽粒中不同元素的空间分布也具有很大差异，比如钙、锌、铁等元素主要分布在谷物胚中，而镉元素除分布在胚中外，在糠粉层和胚乳中也有较明显的富集。了解元素的分布规律，在进一步的探究过程中能够更加具有针对性。目前关于元素定位检测的技术不断发展与完善，应用较为广泛的主要是激光烧蚀技术、同步辐射技术。激光烧蚀技术主要是利用激光轰击样品产生相应的等离子体气流，随后进入 ICP-MS 进行样品的元素测定；同步辐射技术主要是将带电粒子加速产生的脉冲电流发射到样品上，根据相应的荧光信号对元素含量进行分析；相较于激光烧蚀技术，同步辐射技术能够在保持样品完整性的基础上实现原位检测。元素定位检测技术能够更加直观地表现元素的空间分布规律，而且该技术的不断发展与完善可为不同元素的研究提供技术支持。但是目前这两种元素定位检测技术只能拟合出元素的平面分布图像，不能表达出元素的立体分布情况。张帆（2020）通过同步辐射技术对糙米籽粒中砷的分布的分析结果显示，砷元素在糙米籽粒中的分布不具有均一性，主要富集在胚以及糠粉层，除此之外，胚乳中也有较低含量的砷元素（图 2-3）。

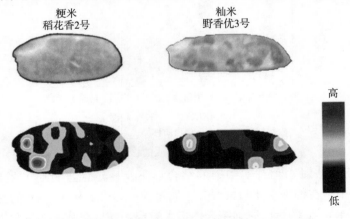

图 2-3　同步辐射技术检测糙米原料中砷元素的分布

虽然砷元素的分布也受品种以及生长环境等因素的影响，但总体的研究结果一致表明糙米相较于抛光米具有较高的砷含量，也说明了砷元素倾向于富集在糠粉层。随着碾磨精度的增加，米糠砷元素含量逐渐增加，而碾磨后抛光米中的总砷含量逐步降低，说明了砷元素倾向于分布在籽粒的四周且靠近糠粉层的区域。随着碾磨精度的增加，米糠中无机砷的浓度越来越大，碾磨后糙米中的无机砷所占比例越来越小，研究表明无机砷倾向于分布在籽粒的外围，而有机砷则倾向于分布在胚乳中。因此，目前有许多研究表明抛光是去除糙米砷元素的有效手段之一（Naito et al.，2015），但抛光在有效去除砷元素的同时也损失了富集在表面糠粉层的大量营养物质，从营养价值上考虑抛光不是一种理想的加工去砷的方式。

（二）谷物中砷的结合状态

研究表明元素结合状态与蛋白质的联系较为紧密。在前人的探究过程中，常常选用奥斯本（Osborne）方法分级提取蛋白质，并进一步开展不同类蛋白质的氨基酸组成与该元素结合状态的研究。

对糙米组分与砷元素的结合状态的研究结果显示（张帆，2020），蛋白质是主要富集砷元素的组分，在淀粉中的富集浓度较低，脂肪中也能富集少量的砷元素。进一步对蛋白质中富集的砷元素形态进行分离测定，结果表明蛋白质富集的砷元素以无机砷为主（超过50%）。在对糙米蛋白质进行 Osborne 连续分级提取的过程中发现，不同类蛋白质结合砷元素的能力不同，其顺序为：清蛋白＞球蛋白＞谷蛋白＞醇溶谷蛋白（图 2-4）。而砷结合蛋白中疏水性氨基酸含量较高，推测砷可能通过与疏水性氨基酸中的特征基团结合的方式形成砷结合蛋白。与无砷污染的稻米相比，砷污染的稻米中天冬氨酸的含量增加，赖氨酸的含量降低，该规律与在镉污染稻米的研究中发现的规律较为一致。砷污染的稻米中含有一定量的脯氨酸，由此推测在砷结合清蛋白中，金属砷可能通过脯氨酸与蛋白质结合（邢常瑞等，2019）。

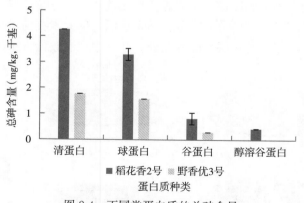

图 2-4　不同类蛋白质的总砷含量

利用凝胶层析方法对水稻籽实中砷的结合形态及稳定性进行研究发现（何孟常等，2002），水稻籽实中存在的砷主要与表观分子质量为 54.5 ku 和 5.5 ku 的蛋白质形成结合体，分子质量为 54.5 ku 的蛋白质砷结合体不太稳定，并且在蒸煮加热和体外消化酶的作用下容易分解，生成相对稳定的、小分子的结合体。

第三节 谷物种植过程中砷的控制

一、大力培育重金属低积累谷物

谷物籽粒中砷的积累是影响食品安全与人体健康的重要因素，而不同谷物品种对砷的富集能力存在较大差异，因此筛选、比较籽粒低砷积累谷物遗传材料以及研究谷物对 DMA 的吸收、转运和累积过程对减少谷物籽粒中砷的累积有着重要意义。

目前关于水稻吸收、运输 As（Ⅲ）的机制较为清楚，参与 As（Ⅲ）吸收和转运的基因包括 *Lsi1*、*Lsi2*、*OSABCC1*，As（Ⅲ）解毒的机制是 As（Ⅲ）通过与 PCs 络合隔离在液泡中。此外，PTR 家族中的 OsPTR7 有 10 个跨膜结构区域，这个区域被一个亲水区域分隔为两组。其基因的表达受 As（Ⅲ）的诱导，在 As（Ⅲ）处理 4h 的时候诱导作用最强，可能参与砷向籽粒中的运输过程。

水稻积累砷的能力因水稻品种的不同而存在差异，该差异可能也会受环境的影响。比较砷积累较多的水稻品种 401 和砷积累较少的水稻品种 423，发现两者的根吸收能力不同，水稻品种 401 根系吸收砷的能力强于水稻品种 423，但水稻品种 423 根系向地上部转运砷的能力却较水稻品种 401 强。在多次的大田和盆栽试验中发现，水稻品种 401 吸收砷的能力不稳定，并不总是砷积累较高的品种，但水稻品种 423 积累砷的能力较低，且比较稳定（陈菲，2016）。

二、植物修复技术的应用

针对土壤重金属污染严重的地区，大量种植可以吸收重金属的植物，可完成对土壤的修复，以达到清洁土壤的目的。例如：在我国的湖南、云南及广西等地，人们多种植一种叫蜈蚣草的植物，蜈蚣草又被称作为肾蕨，能够有效吸附砷、铅等元素，被人们誉为"土壤清洁工"。蜈蚣草吸收土壤中砷的能力是普通植物的 20 万倍，在吸附土壤中大量的砷后可被就地焚烧，焚烧过程中砷被氧化、热解而破坏，砷主要以氧化物的形式释放，从而避免土壤中砷的扩散（刘维涛，2014），同时阻隔砷进入食物链，蜈蚣草焚烧后的土壤可以用来种植相应的粮食。

砷低积累玉米与砷超富集蜈蚣草间作模式对砷污染土壤修复效果的研究结果表明，间作处理玉米籽粒砷含量较单作处理降低 22.6%～69.8%。随着土壤砷浓度的提高，玉米草酸、酒石酸分泌量显著降低，而单作蜈蚣草处理、玉米＋蜈蚣草处理玉米的草酸、酒石酸分泌量显著提高。低积累玉米间作超富集植物蜈蚣草有利于缓解玉米受到的砷毒害，从安全生产角度考虑，等行距玉米＋间作双行蜈蚣草模式为最优生产模式，从保证产量与机械化角度考虑，等四行距玉米＋等四行距蜈蚣草模式为最优生产模式（董祥伟等，2019）。

三、优化改进栽培与种植方式

现有多种栽培与种植方式，能够减少稻米在生长过程中对土壤中重金属砷的吸收，将几种典型的方法及机理和局限性总结于表 2-1。

表 2-1   降低水稻对土壤中砷吸收的主要农艺学方法及其主要机理和局限性（杨文蕾等，2020）

主要农艺学方法	主要机理	局限性
间接性灌溉/有氧水管理	防止 As（Ⅴ）还原为 As（Ⅲ），通过减少甲基化降低水稻对砷的吸收	水稻减产
施用磷肥	与 As（Ⅴ）竞争吸收通道	成本高；引入新的砷和镉；造成水体富营养化
施用硅肥	与 As（Ⅲ）竞争吸收通道	成本高，需要控制施用比例如肥料类型
施用硫肥	参与砷的氧化还原，降低砷的有效性	产生硫代砷酸盐等二次污染物质；需考虑水稻品种
添加土壤改良剂（铁、锰、生物炭）	改变根系-土壤-添加剂之间对砷的吸附能力	改良剂中存在的重金属元素可能会对土壤造成新的污染；土壤酸化

（一）田间水管理对水稻吸收砷的控制

合理的灌溉和田间水管理可以将稻田土壤溶液中的总砷含量控制在较低水平。淹水条件下水稻对砷的吸收量比非淹水条件下高 10～15 倍。间歇性灌溉和有氧水管理都可以在满足水稻对水的生长需求的条件下，尽量保持土壤中的好氧环境，从而减少稻米中砷的积累（Ashley et al.，2015）。在间歇灌溉和有氧水管理条件下，水稻土壤溶液中 As（Ⅴ）/As（Ⅲ）较连续淹水稻田高，籽粒中甲基化砷含量的比例趋于下降，无机砷含量远低于持续淹水条件下水稻籽粒中的无机砷含量。通过对无机砷和甲基化形态浓度的控制降低作物中砷的毒性。然而由于耗水量的降低（大约降低 1/3），相对干燥的土壤环境限制了根系的生长，降低了水稻的吸水率，导致水稻产量大约减少了 25%（Morenojimenez et al.，2014）。

（二）施用硅肥控制水稻砷积累

研究表明砷污染水稻土中硅（Si）的添加可使水稻组织中的 As（Ⅲ）/总砷含量显著降低，即硅的添加可有效控制水稻对 As（Ⅲ）的吸收。这是由于 As（Ⅲ）与 Si（OH）$_4$ 占用相同的吸收通道。不同的硅种类对水稻吸收砷的作用不同。对硅藻土和 SiO$_2$ 凝胶的对比研究结果显示，SiO$_2$ 凝胶的添加显著降低了稻米中的总砷含量，而硅藻土的施用并未降低稻米中的总砷含量。此外，硅施用量使用不当反而会增加水稻对砷的吸收，有研究表明，添加 0.375 g/kg 硅肥并没有降低水稻中砷的积累，这是由于土壤颗粒中 As（Ⅲ）与 Si（OH）$_4$ 之间存在竞争吸附，硅的施用会提高稻田土壤溶液中 As（Ⅲ）的水平，从而导致水稻对 As（Ⅲ）吸收的增加。因此，优化稻田中硅的施用类型和施用量是减少水稻中砷吸收的关键。

（三）施用硒肥控制水稻砷积累

硒和砷同在第 4 周期，且分别位于第Ⅵ和第Ⅴ两个相邻的主族，两者在生物体中可能存在一定的拮抗关系。有研究表明在适宜的浓度下，硒能抵抗镉、铅、汞等重金属对植物的毒害，降低植物对重金属元素的吸收积累。为了控制稻米对砷的吸收积累，利用水热合成法制备的硒掺杂硅复合溶胶，并通过叶面喷施可有效缓解水稻砷毒害，增加稻米硒含量，抑制稻米砷积累。这可能与砷和硒存在竞争吸收机制有关（徐向华等，2014）。

（四）施用磷肥控制水稻砷积累

As（Ⅴ）和 PO$_4^{3-}$ 拥有共同的吸收通道，因此在砷污染的稻田中施用磷酸盐可以控制水稻对 As（V）的吸收。PO_4^{3-} 的施用量和土壤性质都会影响磷肥控制水稻吸收 As（V）的效率。在田间管理时，可以用水稻根际环境中含量较高的 PO_4^{3-}/As（V）来衡量水稻对 As（V）的吸收能力，比值越高，水稻中的 As（V）吸收能力越低。但有研究显示，在砷污染（9～102 mg/kg）的稻田中施用 PO_4^{3-} 肥料并没有成功地抑制水稻植物中砷的吸收和积累，添加 PO_4^{3-} 甚至增加了水稻植株和籽粒中的总砷浓度。这主要是由于 PO_4^{3-} 和 As（V）在土壤基质和根部铁膜上存在竞争性吸附，过量的磷酸盐可能会增加土壤溶液中 As（V）的浓度，反而不利于抑制水稻对砷的吸收。因地制宜地衡量砷污染情况和 PO_4^{3-} 最佳添加量，才可以达到降低稻米中砷含量的目的。

通过施加磷肥降低水稻中砷的方法也存在其局限性。如磷肥成本较高，而很多磷肥（三重超级磷酸盐、磷酸一铵、磷酸二铵和磷酸岩石）中普遍含有砷和镉等元素，长期添加这样的磷酸盐磷肥反而会将砷和镉引入水稻田中造成污染。此外，磷肥的流失会加剧河流、湖泊和水库中的水体富营养化（杨文蕾等，2020）。

（五）施用硫肥控制水稻砷积累

施用硫肥显著抑制了水稻叶片中砷的积累，相似的报道也出现在对小麦、大麦等谷物的研究中。研究认为这是由于硫参与了水稻吸收砷的氧化还原过程和解毒过程以及硫对水稻砷代谢调控的作用。

硫的添加可通过改变根际的矿物结构来减少水稻砷的积累。在淹水条件下，土壤-水系统中的 SO_4^{2-} 被还原为 S^{2-}，稻田土壤溶液中的 As（Ⅲ）可以与 S^{2-} 反应并被沉淀为 As_2S_3，从而降低了 As（Ⅲ）的生物可利用性。另外，硫可以降低水稻 Lsi2 的转录水平，介导并促进木质部的 As（Ⅲ）外排。硫还可以促进水稻根中植物络合素（PCs）和谷胱甘肽（GSH）的形成，这些硫醇对 As（Ⅲ）具有很高的亲和力，As（Ⅲ）-硫醇复合物可以通过水稻根部的 ATP 转运蛋白的转运进行液泡隔离。硫肥添加的结果也受水稻品种的影响，一般认为水稻籽粒中砷含量较低的水稻品种与其根部的植物络合素含量呈正相关关系，也有一些高植物络合素浓度的水稻品种显示出不同的结果。

值得关注的是，施用硫肥可能会促进稻田中硫代砷酸盐的形成，硫代砷酸盐与 Fe（Ⅲ）的氢氧化物（FeOOH）的络合能力较小，因此更容易被水稻吸收。S^{2-}/As（Ⅲ）、S（0）/As（Ⅲ）、pH 以及微生物的活性等不同因素都会影响硫代砷酸盐的形成。因此，在添加硫调控水稻吸收砷时，需考虑硫代砷酸盐的化学行为和毒性。

（六）铁改良剂控制水稻砷积累

含铁材料虽然不能去除土壤中的砷，却能快速高效地固定土壤中的砷，降低其活性和生物有效性，阻止其扩散并抑制其向植物中的迁移，最终实现降低砷毒害作用的目的。向土壤中添加铁而降低水稻对砷的吸收，主要是应用了土壤中铁氧化物对砷的吸附能力。通过沉淀、氧化还原、离子交换与吸附、pH 控制、络合与协同、生物作用等方面实现铁对土壤的固砷作用（胡立琼，2014）。

添加铁材料的价态、形态甚至粒度大小都对除砷效果有一定影响。研究表明，$Fe_2(SO_4)_3$ 对土壤砷有稳定效果，且随着铁和砷的物质的量比的升高，$Fe_2(SO_4)_3$ 对砷的固定效果逐渐变好。当铁和砷的物质的量比达到最大值 16 时，土壤砷的固化率达 83.64%。但 $Fe_2(SO_4)_3$ 的添加也可能使植株出现类似铜枯的症状。只施 $Fe(OH)_3$ 能稍减轻砷对水稻的毒害，可使水稻植株不出现铜枯症状。零价 Fe 和 FeS 纳米颗粒也显示出了不同程度的砷吸附能力，但是在成本和环境友好方面不如 Fe_3O_4（赵慧敏，2010）。

铁改良剂对水稻谷粒中砷积累的影响还与植物的生长阶段有关。例如在谷粒成熟阶段，铁的添加显著抑制了砷在水稻植株中的积累。因此，水稻耕种地区的土壤理化性质的差异和植物生长阶段的不同，通过添加铁来控制水稻对砷的吸收的效果也会有不同。

(七)锰改良剂控制水稻砷积累

添加锰的主要作用是在根部形成锰斑块，通过吸附砷来控制水稻对砷的吸收。被砷污染的水稻田土壤中，添加锰浓度为 1 200 mg/kg 的合成锰氧化物（主要为菱锰矿），可通过减缓稻田土壤 Eh 的降低使稻草和籽粒中的总砷浓度降低 30%～40%。然而，已有研究表明锰氧化物由于在零点电荷点 pH 较低而不能将砷吸附在水稻土中。在水稻成熟阶段，锰氧化物不再对砷起吸附作用。此外，外源锰的添加也可能带来新的污染，例如带来饮用水的锰污染（锰含量为 400 mg/L），从而增加人类健康的风险。过量的氧化锰在稻田土壤溶液中的溶解也会在水稻植株中引发生物毒性。

(八)生物炭控制水稻砷积累

通过添加生物炭可以控制水稻对砷的吸收，此方法具有很好的环境和经济效益。在污染的土壤中添加生物炭可以使金属迁移率和生物利用度显著降低。生物炭会增加土壤溶液中的可溶性有机碳（DOC）的浓度，因此，As-DOC 复合物的形成也会将砷吸附在稻田土壤中，且生物炭中通常含有磷和硅等与砷存在竞争吸收的元素，也有益于水稻砷富集量的降低。此外，某些生物炭还可以促进砷的甲基化，减少水稻中的无机砷，这可能是生物炭的添加促进了可挥发砷的形成。田腾等（2020）研究了不同有机碳浓度的可溶性有机质对土壤中砷甲基化的影响，结果显示土壤中的甲基态砷含量与有机碳的浓度呈显著正相关关系（$P < 0.01$），添加动物源（猪粪、鸡粪、牛粪）可溶性有机质对水稻土壤中甲基态砷浓度的增加作用要强于植物源（水稻秸秆），可溶性有机质添加后砷的甲基化效率的增加可能与土壤中微生物体内的甲基化功能基因 arsM 丰度的提高及土壤 pH、EC 值变化有关。

添加生物炭有时并不能降低水稻对砷的吸收，某些生物炭甚至可能导致砷在水稻籽粒和植株中含量的增加。生物炭有较大的表面积和较多的孔状结构，会影响微生物的活动，为微生物的生长提供稳定的栖息地。生物炭中高浓度的盐导致土壤溶液中的电导率增加，并促进还原 Fe（Ⅲ）的细菌与 Fe（Ⅲ）矿物之间的电子转移，使得残留在 FeOOH 中的 As（Ⅴ）以 As（Ⅲ）的形式释放到土壤溶液中。而生物炭的施用可能造成土壤 pH 升高，导致可溶性矿物质溶解，造成砷的释放。

第四节　谷物加工过程中砷的控制

稻田的厌氧环境和独特的生理特性使水稻有效地从土壤和水中吸收砷。稻米的砷含量大约 10 倍于生长在同一区域的其他作物。当水稻生长的土壤遭到砷的污染，稻米的砷含量就会更高。欧洲食品安全管理局估计，在某些稻米高消费群体中无机砷的摄入量比欧洲消费者的平均值高 7.8 倍。有 229 位孕妇参与的美国的一组研究结果表明，稻米消费水平直接与尿中砷的含量相关联（Gilbert-Diamond et al.，2011），这意味着稻米的高消费会直接导致消费者身体的高砷接触。减少煮熟谷物中砷的含量可以降低患上由砷引起的各种疾病的风险。谷物中砷元素的加工去除方法多种多样，按照工艺手段可以大致分为两大类：物理法、生物法。不同加工方法可以得到不同的效果。

一、控制谷物中砷的物理加工方式

物理加工方式包括一些简单的家庭烹饪方法：蒸煮、清洗、浸泡等，还可以加入一些辅助手段，如超声、抛光、吸附等，都能够帮助去除糙米中的砷元素。有研究表明清洗、蒸煮、加压蒸煮、抛光、浸泡等方式都能够降低糙米砷元素尤其是无机砷的含量，而且不同品种糙米、精白米的分析结果基本一致，说明一般的物理加工方式对糙米砷元素的影响具有普遍性。

(一)碾磨加工的影响

研究表明，砷高度集中在谷物外层，包括稻米的糊粉层、小麦的麸质层等。由对不同碾磨程度的稻米总砷含量的测量可知，糙米中的总砷含量高于白米。随着碾磨精度的不断提高，籽粒中砷的含量不断下降，而米糠中砷的含量不断上升。通过除去米糠渣，总砷含量可降低15%左右。同步辐射拟合图像显示砷元素主要分布在靠近稻米籽粒的糊粉层的区域（张帆，2020），这表明通过去除麸皮可以显著降低砷含量，麸皮是由糊粉层和果皮层组成的，在碾磨过程中作为副产品从全谷物中被除去。以前曾有报道称糙米的总砷含量比白米高。

抛光工艺降低了40%～50%的无机砷含量。这些结果表明，糙米外层中含有更多的无机砷，即砷优先储存于米糠，位于与果皮和糊粉层结合相对应的区域，并且这些层中砷大部分以无机形式存在。还有研究发现，抛光米的总砷和无机砷浓度比米糠低85.7%和88.9%。

(二)清洗、浸泡的影响

浸泡工艺是一种温和又简单的加工方式，可以使谷物籽粒软化、在蒸煮过程中快速均匀吸水。为了达到较好的食用效果，人们都会选择浸泡来处理稻米。浸泡工艺不仅能够改善糙米的食用口感，还能够提高糙米的食用价值。浸泡后的籼米通常用于制作米粉，而粳米则适宜于制作米饭，主要是因为籼稻淀粉比粳稻淀粉具有更多的直链淀粉，表现出更高的熔融黏度、糊化度和凝胶硬度。随着技术的发展和进步，许多方法被应用于改善和简化浸泡工艺。

无机砷在谷物中的分布特性及其水溶性能够帮助其在清洗、浸泡等过程中从籽粒中游离出来。Zhang 等（2020）在对糙米进行浸泡降砷的研究中发现，浸泡可显著降低糙米中的总砷及无机砷含量，浸泡达到的砷元素去除率可以跟抛光工艺相媲美。不同浸泡工艺下，不同矿物元素的变化各不相同，这可能与元素的储存形式、分布规律及性质有关。浸泡温度和时间是影响砷含量的关键因素。浸泡温度对砷、镁元素的影响较大；浸泡时间对砷、镁、钙元素的影响较大；浸泡液的 pH 对镁、钙、锌元素的影响较大。浸泡过程中加温可能促进种子发芽，破坏糙米中的一些酶，进一步破坏糙米的结构。在糊化温度以下，随着温度的升高，种子萌发进程加快，导致物质交换的通道增多，一些元素可以通过这些通道进行交换；达到糊化温度时，淀粉链之间的距离增加，从而产生更多的通道，在糙米中形成疏松的结构，促进砷和镁元素的溶出，糙米浸泡过程中各影响因素对砷及矿物元素的影响如图 2-5 所示。

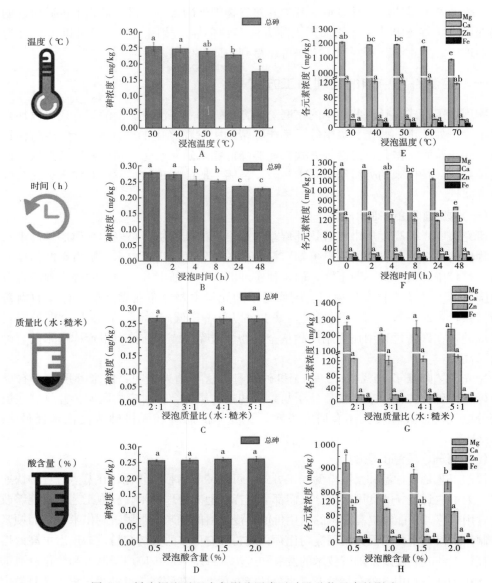

图 2-5　糙米浸泡过程中各影响因素对砷及矿物元素的影响

A～D. 浸泡温度、浸泡时间、浸泡质量比、浸泡酸含量对砷浓度的影响

E～H. 浸泡温度、浸泡时间、浸泡质量比、浸泡酸含量对各元素浓度的影响

(三)蒸煮的影响

烹调过程中，蒸、煎、炸、水洗、浸泡等处理方式都会使食品中砷的浓度、形态及生物可给性发生变化。蒸煮是谷物加工最常采用的方式之一，虽然能够达到较高的降砷效率，但也造成了一些营养物质的损失。

蒸煮的方式对谷物中砷的含量影响明显（Pal et al.，2009；Sengupta et al.，2006）。使用未污染的水并采取印度传统方法（加过量水煮后，倒出多余的水）蒸煮稻米后，米饭中砷的浓度比稻米中砷的浓度显著降低。对不同蒸煮方式减砷的研究结果显示，淘洗+过量水煮可减少 57% 的砷；淘洗＋适量水煮的方式能减少 28% 的砷；不淘洗＋适量水煮的方式，米饭中的砷总量基本保持不变。因此说明砷随水分的迁移是加工中减砷的关键。

一般蒸煮对米饭中砷的形态的影响不大。经过蒸煮的米饭中砷的主要形态也是 As（Ⅲ），其他形态 AsC、DMA 和 As（Ⅴ）也能被检出，但含量并未明显升高；这个结果也在对印度加尔各答市的稻米蒸煮的研究中得以证实。

温度是烹饪过程中影响砷形态的重要因素之一。有研究者在研究烹饪对砷形态变化的影响机理时发现，加热到 160 ℃时，DMA 部分分解为 MMA（5%），MMA 部分分解为 As（Ⅲ）（9%）和 As（Ⅴ）（39%），但温度在 80～120 ℃时，DMA 和 MMA 的含量不会发生变化（Van Elteren et al.，1997）。

基于谷物高压蒸煮模型的研究结果显示，加热时间相同时，温度越高，As（Ⅲ）的浓度越低，这说明 As（Ⅲ）的氧化速率随温度的升高而加快。且 As（Ⅲ）的氧化速率满足一级反应动力方程，由于 As（Ⅲ）的氧化反应是吸热反应，温度的升高能使反应速率加快，这也符合阿仑尼乌斯（Arrehenius）方程的结论（谭婷婷，2017）。

然而需要注意的是，蒸煮过程中采用的水应该为无砷污染的水。通心粉中的砷的浓度在利用未污染的水煮熟之后降低了 60%，用砷污染的水蒸煮后的稻米中砷的浓度比蒸煮前的稻米中增加 1.5～8 倍。

二、控制谷物中砷的生物加工方式

生物加工方式主要是利用一些微生物的作用，微生物种类繁多，作用也不尽相同，有些微生物适用于去除食品中的有害元素；有些微生物则只适用于土壤、水资源的治理。乳酸菌在传统发酵食品、动物肠道护理、饲料生产等领域得到广泛应用，因为其能够使糖类发酵产生乳酸。有研究结果表明，乳酸菌发酵能够去除米粉中的有害元素镉，去除率能达到 80% 以上（傅亚平，2016）。这也为糙米发酵加工去除砷元素提供了借鉴思路。

微生物氧化除砷是工业上常用的方法，截止到 2001 年，已发现了至少 9 个属的 30 多株菌株具有砷氧化能力，主要包括无色杆菌属（Achromobacter）、假单胞菌属（Pseudomonas）、产碱杆菌属（Alcaligenes）、根瘤菌属（Rhizobium）、中华根瘤菌属（Sinorhizobium）、博代氏杆菌属（Bordetella）、土壤杆菌属（Agrobacterium）、栖热菌属（Thermus）、贪食菌属（Variovorax）、硫单胞菌属（Thiomonas）等（曾琳，2014），它们大多是异养砷氧化菌，也有小部分是化能自养型砷氧化菌。化能自养型砷氧化菌能够利用氧气或硝酸根作为电子受体氧化 As（Ⅲ），并利用这一过程产生的能量同化二氧化碳，产生细胞内物质，从而实现细胞的生长。

在食品加工业中，更为安全的酿酒酵母被用来解决食品中的重金属污染问题。研究证明，酿酒酵母可去除食品中包括砷在内的多种重金属及放射性元素（Gihring et al.，2001）。大多数研究是关于酿酒酵母对高浓度重金属的吸收，而食品中的重金属含量通常较低（Oremland et al.，2003）。因此，利用这种生物技术去除食品中较低浓度的重金属仍然需要更多的研究。另外，大部分的研究都是针对去除合成介质中的单个元素，而各种元素在食品和饮料中自然地结合在一起，并且可能对彼此具有协同或抑制作用。使用这种酵母从食品中除去重金属是一种有价值、有希望、有成本效益的生物技术。

三、控制谷物中砷的化学加工方式

化学方法去除砷，主要是采用树脂、单宁、柠檬酸钠和草酸钠等试剂通过有机离子捕获，等离子交换，形成络合物、螯合物和微量沉淀等达到去除砷的目的（Sasaki et al.，2013）。这类方法通常被应用于土壤、水资源的治理，在土壤中可以通过络合或者螯合作用降低植物对有害元素的吸收率，在水中可以生成大分子物质，经过滤除去有害元素（Bakhat et al.，2019）。

食品在工业生产过程中，除了物理加工外，往往还会接触一些食品添加剂和食品工业用加工助剂，这些物质或多或少也会影响 As（Ⅲ）的氧化。稳定态二氧化氯和亚硫酸钠具有漂白、杀菌、保鲜等作用，作为食品添加剂，其应用历史悠久。而过氧化氢作为氧化剂、漂白剂和杀菌剂也被《食品安全国家标准　食品添加剂使用标准》（GB 2760—2014）重新纳入了食品工业用加工助剂的范畴。

研究表明，在高压蒸煮烹饪模型中添加过氧化氢、稳定态二氧化氯及亚硫酸钠等加工助剂，均对 As（Ⅲ）的状态有一定影响（图 2-6）。稳定态二氧化氯和过氧化氢呈现出较强的氧化性，尤其是过氧化氢，其最高氧化率达到了 99.8%，几乎将 As（Ⅲ）完全氧化成了 As（Ⅴ），稳定态二氧化氯的最高氧化率只有过氧化氢的一半，为 52.1%。而亚硫酸钠则呈现出还原性，会抑制 As（Ⅲ）的氧化，加入亚硫酸钠后 As（Ⅲ）的最大氧化速率由 14.5% 降到了 6.9%（谭婷婷，2016）。

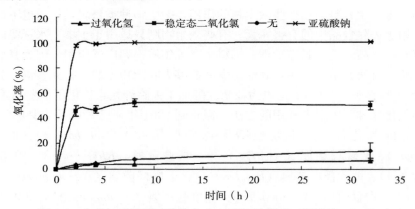

图 2-6　食品加工助剂对谷物中 As（Ⅲ）的影响（谭婷婷，2017）

有专利显示可采用食用铁盐、锌盐、硒盐、钠盐、有机酸或弱碱等溶液制备谷物加工除砷剂，并在稻米蒸煮的过程中添加，通过络合等作用降低谷物中砷的浓度（彭玉琪等，2018）。Azelee 等（2013）采用柠檬酸钠、草酸钠和醋酸钠三种螯合剂处理翡翠贻贝中砷、铅和镉等重金属，结果表明醋酸钠的去除率分别为砷 59.50%、铅 88.57%、镉 68.01%；草酸钠的去除率分别为砷 46.89%、铅 85.46%、镉 60.41%；柠檬酸钠的去除率分别为砷 38.13%、铅 68.90%、镉 70.49%。

四、功能谷物粉拮抗砷毒性

近年来，学者不断探讨通过饮食调节干预慢性砷中毒，利用维生素 C、维生素 E、葡萄籽提取物等抗氧化剂缓解砷毒性并取得一定效果。利用功能型谷物粉也对降低砷毒性有一定的功效。采用小米等谷物制备的功能早餐粉，通过提高抗氧化功效能够降低小鼠砷暴露后的肝脏组织氧化胁迫、雄性生殖毒性等氧化应激损失。研究显示，功能早餐粉可以提升染砷小鼠肝脏及睾丸组织 SOD 活力和还原型 GSH 含量，降低 H_2O_2 和 MDA 含量，以此来降低砷毒性。观察精子畸形率与组织切片发现，功能早餐粉同样可以减轻精子由砷引起的组织结构改变（仪慧兰等，2017；高俊宇等，2019），为有效降低砷毒性提供了新思路。

主 要 参 考 文 献

陈菲，2016. 水稻低砷品种的筛选以及 *OsPTR7* 基因功能的鉴定 [D]. 南京：南京农业大学．

董祥伟，涂书新，万田英，2019. 低积累玉米与蜈蚣草间作修复土壤砷的效果研究 [C]. 重庆：2019 年中国土壤学会土壤环境专业委员会、土壤化学专业委员会联合学术研讨．

傅亚平，2016. 乳酸菌发酵消减大米中镉的技术研究 [D]. 长沙：湖南农业大学．

高俊宇，仪慧兰，2019. 杂粮早餐粉对砷致小鼠雄性生殖毒性的缓解作用 [J]. 食品科学，40（23）：183-188.

巩佳第，2015. 水稻中砷的赋存形态和转运规律的研究 [D]. 北京：中国农业科学院．

何孟常，杨居荣，2002. 水稻籽实中砷的结合形态特征及其稳定性 [J]. 应用生态学报（9）：1141-1144.

胡立琼，2014. 外源铁控制水稻吸收土壤砷的研究 [D]. 长沙：中南林业科技大学．

黄亚涛，毛雪飞，杨慧，等，2013. 高效液相色谱原子荧光联用技术测定大米中无机砷 [J]. 广东农业科学，40（12）：117-121.

梁恒，2011. 小麦戊聚糖含量的 QTL 定位及迟熟 α-淀粉酶鉴定 [D]. 雅安：四川农业大学．

刘华琳，2008. 玉米对砷污染的生理生态响应 [D]. 泰安：山东农业大学．

刘维涛，倪均成，周启星，等，2014. 重金属富集植物生物质的处置技术研究进展 [J]. 农业环境科学学报，33（1）：15-27.

刘志彦，陈桂珠，田耀武，2008. 不同水稻品系幼苗对砷（As）的耐性、吸收及转运 [J]. 生态学报，28（7）：3228-3235.

彭小燕，王茂意，刘凤杰，等，2010. 水稻砷污染及其对砷的吸收和代谢机制 [J]. 生态学报，30（17）：4782-4791.

彭钰琪，彭朝华，何畏，2018. 一种除砷去污的大米烹饪方法及厨具：201710670833.2 [P]. 2018-03-30.

史高玲，宋桂成，王化敦，等，2019. 不同小麦品种对砷的积累，耐性差异及其生理机制 [C]. 南京：江苏省遗传学会 2019 年学术研讨会．

孙汉文，刘晓莉，2009. 悬浮进样-氢化物发生原子吸收法直接测定面粉中的微量砷 [J]. 食品科学，30（6）：160-162.

谭婷婷，2016. 高压蒸煮对大米中砷形态的影响及多糖的降砷毒作用 [D]. 广州：暨南大学．

田腾，颜蒙蒙，曾希柏，等，2020. 不同来源可溶性有机质对稻田土壤中砷甲基化的影响 [J]. 农业环境科学学报，39（3）：511-520.

王瑶瑶，郝毅，张洪，等，2018. 珠三角地区大米中的镉砷污染现状及治理措施 [J]. 中国农学通报，35（12）：63-72.

王玉峰，娄来清，蔡庆生，2017. 不同水稻品种对砷的积累差异及硅对水稻砷吸收的影响 [C]. 济南：中国土壤学会土壤环境专业委员会第十九次会议暨"农田土壤污染与修复研讨会"第二届山东省土壤污染防控与修复技术研讨会摘要集.

邢常瑞，章铖，杨锴，等，2019. 大米蛋白质中砷分布规律研究 ［J］. 中国粮油学报，34（7）：1-6.

徐向华，刘传平，唐新莲，等，2014. 叶面喷施硒硅复合溶胶抑制水稻砷积累效应研究 ［J］. 生态环境学报（6）：1064-1069.

杨文蕾，沈亚婷，2020. 水稻对砷吸收的机理及控制砷吸收的农艺途径研究进展 ［J］. 岩矿测试，39（4）：475-492.

仪慧兰，王娜，2017. 杂粮早餐粉对砷致小鼠生殖毒性的缓解作用 ［J］. 山西大学学报（自然科学版）（3）：609-614.

曾琳，2014. 浅谈砷氧化菌的研究进展 ［J］. 环境（S1）：49-52.

张帆，2020. 糙米砷元素的分布规律及加工变化研究 ［D］. 北京：中国农业科学院.

张玉芝，2004. 微量元素与人体健康 ［J］. 微量元素与健康研究，21（3）：56-57.

赵会，2014. 不同基因型水稻砷耐受性的基因关联分析 ［D］. 杭州：浙江农林大学.

赵慧敏，2010. 铁盐、生石灰对砷污染土壤固定、稳定化处理技术研究 ［D］. 北京：中国地质大学.

Allevato E, Stazi S R, Marabottini R, et al., 2019. Mechanisms of arsenic assimilation by plants and countermeasures to attenuate its accumulation in crops other than rice ［J］. Ecotoxicology and Environmental Safety, 185 (Dec.): 109701. 1-109701. 13.

Ashley M, Newbigging, Rebecca E, et al., 2015. Rice: Reducing arsenic content by controlling water irrigation ［J］. Journal of Environmental Sciences, 30 (4): 129-131.

Awasthi S, Chauhan R, Srivastava S, et al., 2017. The Journey of Arsenic from Soil to Grain in Rice ［J］. Frontiers in Plant Science (8): 1007.

Azelee I W, Ismail R, Wan A W A B, et al., 2013. Catalyzed trisodium citrate as a medium for heavy metals treatment in green-lipped mussels (*Perna viridis*) ［J］. Modern Research in Catalysis, 2013, 2 (2): 50-56.

Bakhat H F, Zia Z, Abbas S, et al., 2019. Factors controlling arsenic contamination and potential remediation measures in soil-plant systems ［J］. Groundwater for Sustainable Development (9): 100263.

Bhattacharya P, Sanial A C, Majumdar J, et al., 2010. Arsenic contamination in rice, wheat, pulses, and vegetables: A study in an arsenic affected area of West Bengal, India ［J］. Water, Air, and Soil Pollution, 213 (1-4): 3-13.

Duan G L, Hu Y, Liu W J, et al., 2011. Evidence for a role of phytochelatins in regulating arsenic accumulation in rice grain ［J］. Environmental and Experimental Botany, 71 (3): 416-421.

Gareth J, Norton, Guilan, et al., 2009. Environmental and genetic control of arsenic accumulation and speciation in rice grain: Comparing a range of common cultivars grown in contaminated sites across Bangladesh, China, and India ［J］. Environmental science and technology, 43 (21): 8381-6.

Gihring T M, Banfield J F, 2001. Arsenite oxidation and arsenate respiration by a new thermus isolate ［J］. FEMS Microbiology Letters, 204 (2): 335-340.

Gilbert-Diamond D, Cottingham K L, Gruber J F, et al., 2011. Rice consumption contributes to arsenic exposure in US women ［J］. Proceedings of the National Academy of Sciences of the United States of America, 108 (51): 20656-20660.

Kumarathilaka P, Seneweera S, Ok Y S, et al., 2019. Arsenic in cooked rice foods: Assessing health risks and mitigation options ［J］. Environment International, 127: 584-591.

Marwa E M M, Meharg A A, Rice C M, 2012. Risk assessment of potentially toxic elements in agricultural soils and maize tissues from selected districts in Tanzania [J]. Science of the total environment，416 (Feb. 1)：180-186.

Morenojimenez E，Meharg A A，Smolders E，et al.，2014. Sprinkler irrigation of rice fields reduces grain arsenic but enhances cadmium [J]. Science of the Total Environment，485：468-473.

Naito S，Matsumoto E，Shindoh K，et al.，2015. Effects of polishing，cooking，and storing on total arsenic and arsenic species concentrations in rice cultivated in Japan [J]. Food Chemistry，168：294-301.

Oremland R S，Stolz J F，2003. The ecology of arsenic [J]. Science，300：939-944.

Pal A，Chowdhury U K，Mondal D，et al.，2009. Arsenic burden from cooked rice in the populations of arsenic affected and nonaffected areas and Kolkata City in West Bengal，India [J]. Environmental Science and Technology，43 (9)：3349-3355.

Raab A，Williams P N，Meharg A，et al.，2007. Uptake and translocation of inorganic and methylated arsenic species by plants [J]. Environmental Chemistry，4 (3)：197-203.

Sasaki T，Michihata T，Katsuyama Y，et al.，2013. Effective removal of cadmium from fish sauce using tannin [J]. Journal of Agricultural and Food Chemistry，61 (6)：1184-1188.

Sengupta M K，Hossain M A，Mukherjee A，et al.，2006. Arsenic burden of cooked rice：Traditional and modern methods [J]. Food and Chemical Toxicology，44 (11)：1823-1829.

Shi G L，Zhu S，Meng J R，et al.，2015. Variation in arsenic accumulation and translocation among wheat cultivars：The relationship between arsenic accumulation，efflux by wheat roots and arsenate tolerance of wheat seedlings [J]. Journal of Hazardous Materials，289 (May 30)：190-196.

Sun G，Wiele T V，Alava P，et al.，2012. Arsenic in cooked rice：Effect of chemical，enzymatic and microbial processes on bioaccessibility and speciation in the human gastrointestinal tract [J]. Environmental Pollution，162：241-246.

Surabhi，Awasthi，Reshu，et al.，2017. The journey of arsenic from soil to grain in rice [J]. Frontiers in Plant Science，8：1007.

Upadhyay M K，Shukla A，Yadav P，et al.，2019. A review of arsenic in crops，vegetables，animals and food products [J]. Food Chemistry，276 (Mar. 15)：608-618.

Van Elteren J T，Slejkovec Z，1997. Ion-exchange separation of eight arsenic compounds by high performance liquid chromatography-UV decomposition hydride generation atomic fluorescence spectrometry and stability tests for food treatment procedures [J]. Journal of Chromatography A，789 (1/2)：339-348.

Williams L E，Barnett M O，Kramer T A，et al.，2003. Adsorption and transport of arsenic (V) in experimental subsurface systems [J]. Journal of Environmental Quality，32 (3)：841-850.

Wu C，Ye Z，Shu W，et al.，2011. Arsenic accumulation and speciation in rice are affected by root aeration and variation of genotypes [J]. Journal of Experimental Botany，62 (8)：2889-2898.

Xu X Y，Mcgrath S P，Meharg A A，et al.，2008. Growing rice aerobically markedly decreases arsenic accumulation [J]. Environmental Science and Technology，42 (15)：5574-5579.

Zhang F，Gu F，Yan H，et al.，2020. Effects of soaking process on arsenic and other mineral elements in brown rice [J]. Food Science and Human Wellness，9 (2)：168-175.

Zhao F J，Ma J F，Meharg A A，et al.，2009. Arsenic uptake and metabolism in plants. [J]. The New phytologist，181 (4)：777-794.

第三章　食用菌生产加工中砷的迁移与控制

第一节　食用菌中砷的来源及富集

　　食用菌是可食用的大型真菌，不但味道鲜美，而且富含多糖等生理活性成分，经常食用能增强人体免疫力，其全球消费量一直呈稳定增长趋势，并被联合国推荐为 21 世纪的健康食品。我国是世界上最大的食用菌生产和出口国之一，食用菌已成为我国农业中产值仅次于粮、棉、油、果、蔬的第六大产业。自 20 世纪 70 年代起，研究者开始关注大型真菌对矿质元素的富集现象。在后续研究中，发现食用菌在富含多种人体必需矿物元素的同时还可富集甚至超富集有害元素，如铅、镉、汞、银、砷等。近年来，国内外对食用菌中特别是野生食用菌中的金属元素含量水平、分布状况、生物富集情况、食用健康风险等进行了广泛而深入的探讨。

　　工业与科技的发展一直以来都是一把双刃剑，在给人类带来便利和进步的同时，也会对环境和社会造成一定的负面影响，甚至让人类付出惨痛的代价。重金属污染是一个备受社会各界关注的问题。第二次世界大战以后，采矿、冶金、化工等产业得到迅速发展，但含有大量重金属的工业废弃物被排放到环境中，据报道，1989 年我国有色冶金工业向环境中排放的砷多达 173 t。这些重金属污染物排放到环境中会对大气、水和土壤造成严重的污染。自然环境条件下砷及其化合物不能被生物降解，且能够通过食物链的生物放大作用成千上百倍地富集在动物和植物体内，对生态环境、食品安全及人类的身体健康造成威胁（Zhang et al.，2016）。随着全球城市化和工业化的飞速发展，大量的有害物质通过废气、废水、固体废物、残留物等排放到空气和水体中，并最终在土壤中沉积。全球范围的金属采冶、车辆尾气、化肥使用等造成了环境中金属和类金属的严重污染，这些元素可通过食物链迁移至人体，砷是其中典型的有害元素，可对人体健康造成危害。

一、大气

　　大气中的重金属主要来源于工业燃煤、有色冶炼、汽车尾气等，其中包括砷在内的多种典型有害元素如镉、铅、汞、砷等可对人体健康造成危害。Pacyna 等（2001）统计了大气中砷的主要人为排放源和排放量，有色金属的生产是大气砷的主要人为排放源，其次是化石燃料燃烧。另外，偏远区域大气中的砷主要来自天然源，如火山爆发释放到大气的砷的量约为 17 150 t/年，自然发生的森林大火、油料和木材燃烧释放量为 125～3 345 t/年，海洋释放到大气中的砷约为 27 t/年，土壤微生物的低温活动的释放量为 160～26 200 t/年（龚仓，2014）。

二、水体

　　水是栽培食用菌的最主要的条件之一，因此水体的重金属和砷污染也会对食用菌产生影响。近年来，随着我国现代工业的快速发展，矿产的开发和冶炼，煤及石油等矿物的燃烧，木材防腐剂、农药的滥用，以及工业三废和汽车尾气的排放等生产生活活动，水体中重金属和砷的含量急剧增加，使农产品的质量安全从源头上受到威胁（Lai et al.，2016）。砷对农作物产生毒害作用的最低浓度为 3 mg/L，对水生生物的毒性也很大。我国规定饮用水中砷的最高容许浓度为 0.04 mg/L，地表水包括渔业用水中也为 0.04 mg/L。在孟加拉国、印度的一些地区，居民所用的地下水中的含砷量明显超标；在我国的新疆、内蒙古、山西等地也出现过因地下水砷超标而使人中毒的事件。2013 年，*Science* 上刊登了一篇有关我国地下水砷污染情况的文章，研究者通过一种全新的模型对我国各个省份地区进行地下水砷污染风险预测，经过估算，在我国大约有 1 958 万人生活在水砷污染高风险地区，而这些地区大多是干旱的贫困乡村。

随着现代工业的发展，水体受到了包括砷污染在内的严重污染，从而导致有毒有害的砷在动植物体内富集，对农产品的食用安全造成威胁。Michelot 等（1998）的分析测定结果发现，在土壤和大气污染很少的地区，食用菌中的砷元素主要来自水体。当水体遭受砷污染时，植物体内的砷含量可能增加（竺朝娜等，2010），致使以植物材料为基质的食用菌的砷含量进一步提高。

三、自然土壤

由于工业和城市污染物的大量排放以及农药、化肥的不合理使用，土壤重金属污染日益严重。当土壤遭受重金属污染时，植物体内的重金属含量可能增加。在"土壤—植物—食用菌—人"的食物链中，食用菌处于较高的位置。食用菌以植物材料为生产原料，其本身对重金属有一定的富集能力，食用菌中的重金属的含量可能高于粮食和蔬菜等植物性食品，食用菌的重金属污染已经引起人们的关注，考察鲜食用菌的重金属污染状况是一个亟须解决的问题。重金属可以食用菌为介质进入食物链，从而影响人类的健康（余国营等，1998）。

土壤砷污染的问题与大气污染和水污染不同，一方面，排放到土壤中的重金属一般不会像在大气和水中那样随气流、水流扩散和稀释，而是在土壤中随时间逐渐积累，并且难以降解；另一方面，土壤中的砷常常会经过食物链在生物之间传递，从而对人类造成威胁。土壤的砷污染主要来自对农药、化肥等化学制剂的使用以及工业废弃物的排放。在 20 世纪中期，砷酸（H_3AsO_4）作为一种干燥剂在美国南部的大片棉花地里被使用，当时还被称为"棉花收获好帮手"，虽然这种干燥剂早已被禁止使用，但大量的砷残留了在土壤中，对人们的健康造成了极大的威胁。我国自然土壤中砷的平均含量大约为 9.2 $\mu g/g$（赵维梅等，2010）。食用菌对类金属元素砷有极强的富集作用，可累积在子实体部分，进而通过食物链进入人体，影响人体健康（李海波等，2013）。

四、人工培养基质

有研究认为，食用菌生长的基质是一个很重要的因素，菌丝先从栽培基质中吸收重金属，然后向子实体运输。食用菌的栽培基质主要为农作物附属材料（包括秸秆、玉米芯、牛粪等）和动物排泄物（施巧琴等，1991），现在人工栽培的香菇所用的主要原料已经从原有的单纯的木屑、段木等植物原料转向农业生产下脚料（何旭孔等，2015），这些原料由于来源不同，多数含有铅、砷、汞、镉等成分。食用菌利用栽培基质生长的同时也会从中吸收重金属等有害元素。近年来由于农业上农药、化肥的频繁使用，引起了栽培环境污染和培养料中砷、汞、铅、镉等有害物质的残留，当环境遭受重金属污染后，植物体内重金属的富集量会进一步升高。

食用菌对类金属元素砷有极强的富集作用，可将砷累积在子实体部分，进而通过食物链进入人体。现有研究调查表明，2011—2012 年深圳市的香菇和平菇中的砷含量分别为 0.152 mg/kg 和 0.48 mg/kg（刘宇飞等，2013）。干香菇中无机砷含量较高，为其总砷含量的 80% 以上。2010 年对江苏市场食用菌中砷含量的调查结果显示，食用菌干制品中的砷含量为 0.341～1.600 mg/kg，而在食用菌鲜样中砷含量为未检出或小于等于 0.127 mg/kg（李优琴等，2010）。2009 年对四川地区的香菇、木耳、平菇三种食用菌的调查结果表明，砷含量为未检出或小于等于 0.127 mg/kg（Chen et al.，2009），2003—2005 年，对浙江省各地 268 个食用菌产品的调查结果表明，浙江省食用菌中砷含量存在超标现象，其中 17 个干香菇样品中砷的含量为 0～1.62 mg/kg，不合格率为 35%；40 个其他干食用菌的砷含量为 0～2.2 mg/kg，不合格率为 12%；鲜香菇、鲜金针菇均合格；110 个其他鲜食用菌砷不合格率为 2%（Lau et al.，2017）［采用标准为《食品安全国家标准　食用菌及其制品》（GB 7096—2014）中规定的砷限量标准：干食用菌总砷≤1.0 mg/kg、鲜食用菌总砷≤0.5 mg/kg］。而在 2002 年的福州市食用菌砷含量调查中发现，干制品中砷含量最高为 7.03 mg/kg，而培养基中的砷含量为 1.38 mg/kg。由此可知，不同地区的食用菌中均存在不同程度的砷超标现象。

第二节　食用菌中砷的分布及形态

砷在食用菌中的不同形态反映了其进入人体的难易程度，也与其毒性密切相关，因而不能简单地以总量评价食用菌的食用安全性。国内对食用菌中砷的研究大多集中在对总量的分析及检测方法的建立方面，而有关形态方面的研究甚少。因此，对食用菌中砷进行形态分析研究很有必要。目前对于砷形态分析的研究主要是对砷不同结合形态的初级形态分析，可采用连续浸提法进行分析测定，此法对砷形态的浸提主要依赖不同浸提剂对不同形态砷的溶解能力，浸提出的不同形态的砷在食用菌中的活性和毒性各不相同。

一、食用菌中砷的主要形态

砷是一种非金属，因其理化性质类似于金属，故称为类金属。砷元素虽然不是金属元素，但从环境污染和对生物体的危害来说，它的毒性和一些性质跟重金属比较相似，所以将其列入重金属范围来研究。砷进入人体后，一般会发生氧化甲基化反应或者还原甲基化反应。氧化甲基化反应通过甲基转移酶的作用，利用体内的 S-腺苷基-L-蛋氨酸（SAM）作为甲基供体对砷进行甲基化，然后将其转换成为一甲基砷（monomethylated arsenical，MMA）和二甲基砷（dimcthylated arsenical，DMA），并最终以五价的二甲基砷［DMA（V）］排出体外；而还原甲基化反应则会将 As（Ⅲ）同谷胱甘肽（GSH）或含巯基的蛋白质结合，然后再进行甲基化，形成三价的甲基砷［MMA（Ⅲ）和 DMA（Ⅲ）］，这些三价的甲基砷被认为比无机三价砷的毒性更高，是一种近似致癌因子。砷能与多种蛋白、酶类发生作用，从而阻碍细胞代谢、增殖，导致细胞死亡，也能与 DNA 连接酶、DNA 修复酶结合，抑制 DNA 修复机制，造成 DNA 损伤而致癌。也有学者认为，砷能诱导细胞产生活性氧及自由基（reactivcoxygen species，ROS），从而破坏抑癌基因或增加原癌基因，而且自由基还能直接破坏细胞核内的 DNA，引起 DNA 的缺失突变，这有可能也是砷的一种致癌机理。砷中毒分急性和慢性两种：急性砷中毒的主要表现是胃肠炎症状，严重者中枢神经系统麻痹甚至死亡；慢性砷中毒则是由砷通过呼吸道、消化道和皮肤接触进入人体并蓄积在肝、肾、肺等部位而引起的，潜伏期长达几年甚至几十年，症状除神经衰弱外，还伴有皮肤色素沉着、过度角质化和末梢神经炎等（Sakurai et al.，2004）。

　　砷对人体的毒性影响不仅与其总量有关，还与它的存在形态有着密切的联系。不同的价态、不同的存在形态的毒性是不一样的。研究认为，经口服摄入的砷，其毒性大多是由它的溶解度决定的。以砷化合物的半致死量 LD_{50} 计，其毒性从大到小依次为 As（Ⅲ）、As（Ⅴ）、一甲基砷（MMA）、二甲基砷（DMA）、砷甜菜碱（AsB）。无机砷的毒性最大，有机砷的毒性较小，而一些砷甜菜碱（arsenobctainc，AsB）、砷胆碱（arscnocholinc，AsC）等物质又几乎无毒。由于不同砷的毒性相差很大，因此仅依靠测定总砷的含量不能完全反映其毒性，须对不同形态的砷进行分离测定。目前对砷的形态的研究大多集中在海洋生物、陆生动物以及中药等，尤其是藻类，其中有的所含砷的形态多且含量较高，而针对陆生植物尤其是与人类相关的可食产品中砷的形态的研究并不多。食用菌作为一种大众化的食品，其富集砷等有害元素的能力很强。目前，自然界已经发现的砷化合物超过 50 种，大型真菌在砷元素循环、有机物分解及植物共生中起着重要作用，在蘑菇中发现的有As（Ⅲ）、As（Ⅴ）、甲基砷酸（MMA）、二甲基砷酸（DMA）、三甲基氧化砷（TMAO）、砷甜菜碱（AsB）和砷胆碱（AsC）（Melgar et al.，2014）。子实体中砷的主要存在形式是二甲基砷酸，约占总砷含量的 70%，甲基砷酸、三甲基氧化砷和有机砷是次要存在形式。然而，蘑菇中也含有无机形式的砷元素，如砷酸盐等。在受污染的样本中，无机砷约占总砷含量的 98%。砷的形态与砷元素在食用菌中的吸收、转移、积累密切相关。2007 年国家质量监督检验检疫总局出口植物产品残留监控计划监测结果显示，食用菌中砷的超标率达到了 13.0%。虽然有食用菌总砷超标的现象，但是没有出现食用食用菌砷中毒的案例，说明砷中毒与砷总量之间并不是简单的正相关关系。近几年对于食用菌中砷的研究已不再局限于对总量的分析测定，对其形态的分析研究受到了国内外研究者的广泛关注，已成为研究的趋势和热点。

　　砷的形态分析方法相对成熟，目前最主要的方法是采用高效液相色谱-电感耦合等离子体质谱联用技术（HPLC-ICP-MS），将样品通过高效液相色谱使其中所含的不同形态的砷化物得到分离，再采用电感耦合等离子体质谱（ICP-MS）检测各形态砷的含量，而提取方法大多采用一些提取剂进行超声辅助提取，常用的提取剂有甲醇、稀酸、人工胃液等，选择合适的提取剂可在提高提取效率的同时尽量保证样品中的砷形态不发生转变，从而客观地反映样品中砷形态的分布情况。有研究采用电感耦合等离子体发射光谱法（ICP-OES）测定 4 种常见食用菌中砷的总量，并采用高效液相色谱电感耦合等离子体质谱联用

（HPLC-ICP-MS）技术建立了 As（Ⅲ）、As（Ⅴ）、一甲基砷（MMA）、二甲基砷（DMA）和砷甜菜碱（AsB）5 种砷形态的分析方法（陈琛等，2015），通过试验比较不同提取剂对砷形态的提取效率，对食用菌中 5 种砷形态进行了分析，探讨食用菌的食用安全性，为相关国家标准中食用菌砷限量范围提供参考。

对于食用菌来说，其种类的不同、外形的差异、生长环境的变化决定了它所含砷的形态也会不同。目前，对于食用菌中有害元素的形态分析主要集中于对砷的形态分析。多种大型真菌中砷以砷甜菜碱的形式存在，如翘鳞肉齿菌（*Saarcodon imbricatus*）、林地蘑菇（*Agaricus silvaticus*）等，与其他砷类化合物相比，砷甜菜碱（AsB）毒性较小，被认为是无毒性的；紫星裂盘菌（*Sarcosphaera coronaria*）中砷主要以一甲基砷酸（MMA）的形式存在，MMA 是人类致癌物之一，短期接触可导致胃肠炎，长期接触可能会造成肝肾功能损伤；二甲基砷酸（DMA）则是红蜡蘑（*Laccaria laccata*）和草菇（*Volvariella volvacea*）中砷的主要存在形式，虽然 DMA 毒性比 MMA 低，但是也会对人体健康造成一定影响；而在粉褐菌属中砷以砷酸盐和亚砷酸盐的形式存在。对加拿大几个受到砷污染地区和未污染地区的 73 个子实体样品进行调查，发现在子实体中最为普遍的砷化合物是 AsB、无机砷（iAs）、二甲基砷（DMA），另外还发现了一些其他物质，如一甲基砷（MMA）、氧化三甲基砷（TMAO）、砷胆碱（AC）、四甲基砷（TETRA）等。

不同的食用菌种类所含有的各种形态砷的比例不同，例如在一些伞菌、鬼伞和马勃属真菌中，AsB 是其中最主要的砷化合物，而在鸡油菌中，则是 iAs 的含量较高，还有一些多孔菌、银耳、木耳等真菌又是以 iAs 和 DMA 为主要的砷成分，几乎不含 AsB。林燕奎等（2012）对不同种类的总砷超标食用菌样品中的砷形态以及食用菌中总砷含量与食用安全性的关系及其限量规定进行了探讨，结果表明，食用菌中总砷含量和总无机砷含量并不存在对应关系，干香菇中总砷和总无机砷含量均较高，有一定的食用风险，而蘑菇中总砷含量虽高，但其总无机砷含量却很低，主要以一甲基砷等有机砷形态存在，可以放心食用。甘源等（2017）对重庆市不同地区野生食用菌中总砷及砷形态进行了分析，所测野生食用菌中总砷含量为 $34.6 \sim 3.89 \times 10^4$ $\mu g/kg$（以干重计），无机含量为 $38.1 \times 10^4 \sim$ 1.18×10^4 $\mu g/kg$（以干重计），无机砷为总砷的 $35.5\% \pm 27.7\%$，总砷含量高于 500 $\mu g/kg$ 的 3 种野生食用菌中砷以有机砷形式为主，而在测定的 4 种有机砷中松茸和松树菌中砷甜菜碱（AsB）占总砷的 50% 以上，牛肝菌中二甲基砷（DMA）占总砷的 $39.3\% \pm 25.3\%$。因此，野生食用菌中总砷、无机砷的含量随地域变化而改变，形态的分布亦随种类的不同而不同，砷在野生食用菌中总体上以有机砷的形式存在，而在有机砷中以砷甜菜碱（AsB）形式为主。胥佳佳等（2017）通过 HPLC-ICP-MS 联用技术对香菇样品中的 6 种砷化合物进行了定性定量分析，结果表明香菇样品中无机砷为主要形态，总无机砷含量占总砷含量的 50% 以上，且 AsC 只在四川青川的干香菇样品中被检测到，鲜香菇中只有第一次采集的香菇样品中 MMA 的含量低于检测限，而在产自福建漳州的香菇脆片中未检测到 As（Ⅴ）。现行《食品安全国家标准 食品中污染物限量》（GB 2762—2017）中，砷的限量是以总汞和总砷的含量为衡量标准设立的，而对不同形态的砷并没有设立相关限量。由于野生食用菌的生长环境具有不可控性，因此，在今后相关标准的建立时可对不同形态的砷化合物进行限量规定，建立砷污染物不同形态的限量机制。

二、食用菌中砷的分布

食用菌对砷具有的强富集和生物转化作用，不但影响其食用安全性，而且制约着我国食用菌的出口。许多研究证明，不同种类的食用菌产品对重金属元素的积累特性和富集能力表现不同，同一种类食用菌的不同品种对重金属元素的积累特性也存在很大差异，不同遗传背景的品种表现出的对重金属的富集特性和抵抗重金属污染的能力存在明显差异，利用这些差异可筛选出重金属富集性低的抗重金属污染品种。郑伟华等（2016）对乌鲁木齐市售的 7 种主要食用菌［平菇、双孢菇、阿魏菇、杏鲍菇、金针菇、黑木耳（干）和香菇（干）］的重金属含量进行了测定。结果显示，黑木耳对砷的富集程度最高，其他依次是香菇、双孢菇、杏鲍菇、金针菇、阿魏菇、平菇。大庆地区市场上流通的 4 种食用菌中平均总砷含量为：鲜香菇＞干黄蘑＞干榛蘑＞黑木耳（王玥龙等，2016）。胥佳佳等（2017）对南京市售的香菇产品的总砷及其形态分布进行了考察，采用微波消解 ICP-MS 法分析了几种南京市售的香菇干制品、鲜香菇及香菇脆片产品的总砷含量，结果表明香菇干制品的总砷含量为 0.196 9～0.817 1 mg/kg，鲜香菇中总砷含量为 0.242 9～1.971 4 mg/kg，香菇脆片产品中总砷含量为 0.030 6～0.226 9 mg/kg。鲜香菇产品中 1 个样品砷超标，香菇干制品和香菇脆片样品砷含量均未超标。据报道，Liu 等（2015）采集的 4 个地区的大红菇（Russula alutacea），生物富集系数 BCF（子实体中金属浓度/基质中金属浓度）均大于 1，表明大红菇子实体对砷也具有一定的富集能力，而侧耳（Pleurotus ostreatus）及大部分鬼伞科真菌对砷元素无富集作用。由此可以看出，不同品种、不同处理方式的食用菌对重金属的富集能力不一样。

大多数食用菌中砷的含量较低，对来自我国、塞尔维亚、意大利和西班牙等 4 个国家的共计 35 种食用菌子实体中砷的含量进行总结，砷含量小于 1 mg/kg（以干重计，下同）的有 19 种，有报道大于 1 mg/kg 的有 16 种，其中部分食用菌砷含量较高，大于 20mg/kg 的有 4 种，分别为紫晶蜡磨（Laccaria amethystea）、红蜡（Laccaria laccata）、橘红蜡磨（Laccaria fraterna）和酒色蜡磨（Laccaria vinaceoavellanea）。大量数据表明蜡磨属（Laccaria）对砷有较强的富集能力，发现砷含量最高的是在采矿区的紫晶蜡磨（L. amethystea），为 1 420 mg/kg。Falandysz 等（2013）报道，橘红蜡磨（L. fraterna）中砷含量高达 270 mg/kg。大红菇（R. alutacea）和印度块菌（Tuber indicum）中砷含量也较高，分别为 11.68 mg/kg 和 11.86 mg/kg。此外，毛头鬼伞（Coprinus comatus）和梨形马勃（Lycoperdon pyriforme）对砷也具有极强的富集能力。李远东等（2009）对包括双孢蘑菇（Agaricus bisporus）、巴西蘑菇（Agaricus blazei）、茶树菇（Agrocybe aegerita）、黑木耳（Auricularia auricula）、毛头鬼伞（Coprinus comatus）、金针菇（Flammulina velutipes）、香菇（Lentinus edodes）、金顶侧耳（Pleurotus citrinopileatus）、杏鲍菇（Pleurotus eryngii）、平菇属（Pleurotus spp.）、银耳（Tremella fuciformis）在内的 11 种食用菌的 175 个干样品中的砷含量进行比较。结果表明，11 种食用菌干品中，砷含量范围为 0.02～0.78 mg/kg。通过对西藏林芝地区常见野生食用菌中 4 种重金属的含量进行检测，西藏林芝地区野生食用菌中砷的平均含量为 0.16 mg/kg，低于国家标准（GB 2762—2017）限量值。部分样品的砷含量超标，超标率为 6.4%（闻剑等，2018）。浙江省干香菇中砷的背景值为 0.180 mg/kg，其含量为标准限量的 18%。这表明浙江省干香菇砷含量处于相对较低的水平，之后通过单因子污染指数法和综合因子污染指数法对香菇的综合污染状况进行评价，确认干香菇砷的污染等级为非污染。为了全面了解云南省野生食用菌中的总砷污染水平，为开展云南省野生食用菌中砷污染状况的评价和预警提供基础数据，段志敏等（2017）收集了昆明、楚雄、玉溪、曲靖、大理、红河、普洱、临沧等地销售的野生食用菌，进行了总砷含量的测定，结果显示 171 件样品中总砷含量检出范围为 <0.05～4.91 mg/kg，总均值为 0.39 mg/kg，超标率为 11.1%。其中，临沧市和玉溪市的野生食用菌总超标率相对较高，原因是在这些地方采集的样品数量及品种较少。由于野生食用菌的生长和销售有季节性，再加上距离原因，样品采集时数量及品种会受到影响。另外，在昆明市采集的样品数量最多，其平均值和超标率均超出了云南省的平均值，说明昆明市的野生食用菌砷污染情况不容忽视；6 件超标样品中有 3 件是松茸，尤其需要加强对松茸的监测。松茸多生长在高海拔地区，受工业污染的可能性较小；所有松茸样品超标，可排除运输途中受污染的情况。可能是野生状态下，松茸在生长期间对环境中的砷化合物有较强的富集作用，也可能是生长环境中本底较高。对福建省食用菌中的砷进行检测，得到的检测结果为砷的最高含量为 0.39 mg/kg，分析其来源主要是土壤，因此，控制好培养基及生长的土壤中污染物的水平可提高食用菌的质量。

食用菌中重金属元素的含量存在显著差异，一些研究对食用菌的富集能力进行了探究，发现其对重金属的吸附能力与食用菌种类、子实体部位等密切相关。菌盖中蛋白质、氨基酸含量及营养指数高于菌柄，而菌柄中碳水化合物、多糖类含量高于菌盖。砷元素更易在菌盖中富集，可能是由于菌柄和菌盖中物质成分存在差异，砷元素更易在菌盖中和蛋白质等物质形成络合物而富集。子实体的大小和成熟度往往对其砷含量没有太大影响，但原基和幼菇中的砷含量却比成熟的子实体中要高，这说明菌丝对砷的运输在产生原基的时候就已经开始了。而在成熟子实体当中，菌褶中的砷含量最高，其次是菌盖，菌柄的砷含量最低。

酒色蜡蘑（*L. vinaceoavellanea*）中菌盖对砷的富集能力强于菌柄，两者的 BCF 值分别为 29.1 和 10.9。以香菇久香 4 号第一潮子实体为研究对象，对其子实体中砷的分布特点进行分析发现，在子实体各部分，菌褶中砷含量最高，菌盖中次之，菌柄的砷含量最低。Thomet 等（1999）研究过镉元素在大孢蘑菇（*Agaricus macrosporus*）子实体中的分布情况，其结果与砷的分布基本相同。其原因有可能与菌褶本身的功能特性有关，菌褶是子实体上的产孢结构，在子实体分化出菌褶的时候，菌盖将会向菌褶输送大量营养，而菌柄又会向菌盖输送营养，因此重金属元素就会随着营养的输送大量进入菌褶，所以菌褶的重金属含量最高，菌柄的则最低。Thomet 等（1999）曾研究过镉元素在大孢蘑菇（*Agaricus macrosporus*）子实体中的分布原因也可以对砷的分布进行解释。其原因为，重金属的积累与菌褶本身的功能特性有关。菌褶是子实体上的产孢结构，在子实体分化出菌褶的时候，菌盖将会向菌褶输送大量营养，而菌柄又会向菌盖输送营养。因此重金属元素就会随着营养的输送大量进入菌褶，所以菌褶的重金属含量最高，菌柄的则最低。

第三节　食用菌生产加工中砷的控制

由于食品从农场到餐桌存在较长时间的运输过程，并且食品原料不同，烹饪、加工和储存的方式也有所不同，所以需要对不同原料的砷化合物进行具体的形态分析。大部分的原料都可以采用蒸煮、油炸、烧烤等烹饪方式进行处理，而不同的烹饪方式以及烹饪时间对砷含量及形态的影响有所不同。烹饪过程能使食品中砷的形态发生变化，不同食品材料和烹饪方式对砷形态变化具有一定影响。

食品的加工处理方法有很多种，主要有干燥、浸泡、油炸等，食品经过加工处理后不仅可以改变本身的品质及特性，还有可能对食品的安全性产生影响，例如食品中重金属和砷的变化。有些加工处理方法可能会降低食品中的重金属和砷的含量，有一些加工处理可能会导致食品中的重金属和砷的含量增加，甚至使之发生分解转化，从而改变它们的存在形态，增加了食品的食用安全风险。目前对于经过加工处理的食品中重金属和砷的变化的研究很少，且大多是对加工处理对海产品中砷的影响的研究。

一、食用菌中砷的限量标准

在我国的相关食品标准中，新实施的《食品安全国家标准　食用菌及其制品》（GB 7096—2014）涵盖的食用菌及其干制、腌制和即食制品中的污染物限量执行国标《食品安全国家标准　食品中污染物限量》（GB 2762—2017），规定食用菌及其制品中总砷含量不得超过 0.5 mg/kg。

二、食用菌培养过程中砷的控制

（一）培养基质的控制

矿质元素污染物具有很强的扩散能力，受风向、水文等影响。很多研究表明，接近污染地区（矿区、公路两侧等）的野生食用菌都有较高的有害金属富集系数（BCF）。食用菌中砷的吸附与其生长环境及土壤背景值有关。对金矿附近野生菌样品的研究发现，原本对砷无富集作用的真菌，如白黄小脆柄菇（*Psathyrella candolleana*）、褐疣柄牛肝菌（*Leccinum scabrum*），在土壤背景值较高时，其子实体中砷含量可分别达 14 mg/kg 和 8.3 mg/kg，表现出对砷元素较强的吸附能力。此外，同一品种的食用菌，在不同地区，砷的含量差异显著。由此可见，生长环境对食用菌内砷元素的含量有非常重要的影响。

（二）温度的控制

温度是菌丝生长代谢的一个重要的外部因素，在适合的温度下，菌丝生长较快，代谢旺盛。香菇菌丝的最适生长温度为 25 ℃，在 25 ℃附近，研究温度变化对菌丝吸收砷的影响，结果发现，对于菌丝生长而言，在较低的温度下，菌丝生长缓慢，需要 18～20 d 才能长满整个平皿，而温度在 25～28 ℃时，菌丝则只需要 10～12 d 就能长满平皿。对于菌丝吸收砷的过程而言，低温时菌丝中砷的含量稍高，这有可能是因为在较低温度时菌丝生长的时间较长，所以吸收的砷就多。因此，温度通过间接作用于菌丝生长而影响砷的转运，对 As（Ⅴ）在香菇中转运的直接影响较小。

(三)外源添加物的影响

很多真菌和细菌都是利用细胞上的磷酸盐转运途径来运输 As（V）的，基于此，有学者研究了外源添加磷酸盐对香菇菌丝砷转运的影响。结果发现，过多的 PO_4^{3-} 本身就对菌丝的生长有一定的抑制作用，而在含有 As（V）和 As（Ⅲ）的处理组，添加了各浓度的磷元素以后，降低了对 As（V）的抑制作用，对 As（Ⅲ）则没有表现出任何作用。这样的结果可以证明 PO_4^{3-} 确实具有一定的缓解 As（V）毒性的作用，其原因很有可能就是两者对细胞上的磷酸盐转运系统具有竞争作用。另外，磷肥也会对香菇吸收砷产生影响。除此之外，另有学者对硅肥对香菇吸收砷的影响进行了研究，发现添加了硅肥的菌袋都能正常出菇，未能有效说明硅肥在子实体对砷的富集中是否有影响。其原因一方面可能是原料中并未外源添加任何砷，所以原料中砷含量处于非常低的水平，硅肥对子实体吸收砷的影响无法凸显出来；另一方面，可能栽培原料中的砷以 As（V）为主，硅肥可能无法影响香菇对 As（V）的富集作用。另有研究人员在植物的栽培介质中添加磷和硅，发现这不仅可以缓解砷对植物的毒性，还可以减少植物根部对砷的吸收。

(四)潮次的影响

有学者对不同潮次的香菇子实体中砷含量的变化进行了研究。通过比较 5 个品种的两潮菇发现，除了矮花 2 号，其他的品种第一潮菇的子实体砷含量明显高于第二潮菇，该结果在其他研究中也得到了验证。分析其原因，可能是栽培基质中总的砷元素在整个香菇的生长周期并没有发生变化，而第一潮菇出菇后带走了基质中的一部分砷元素，所以到第二潮菇出菇时，基质中含有的砷就比第一潮菇出菇前要少，因此第二潮菇吸收的砷自然而然要比第一潮菇少，如果还有第三潮菇、第四潮菇，其砷含量应该会越来越少。若这种猜想成立，那么产量这一因素就有可能在香菇子实体富集砷的问题中扮演着一个重要的角色，即产量越高，均分到单位重量的子实体中的砷就越少，类似于一种稀释作用。

三、食用菌加工过程中砷的控制

（一） 干燥对食用菌中砷的影响

对不同干燥（热风干燥、真空冷冻干燥）方式对香菇中砷的总量及其形态的影响的研究结果表明，热风干燥处理后，砷总量降低 3.08%，而真空冷冻干燥对砷总量影响不显著，毒性较大的 As（Ⅲ）含量显著增加，毒性较小的有机砷 MMA 和 DMA 的含量显著减少，而真空冷冻干燥对各形态砷的影响不显著（陈琛，2015）。

(二)浸泡对食用菌中砷的影响

浸泡方式对香菇中砷的总量及其形态的影响也被学者进行了探讨。浸泡处理可以降低香菇中砷的总量，各形态砷的含量均有降低，尤其是性质活泼、毒性较大的砷形态，如 As（Ⅲ）更易在浸泡过程中溶出。陈琛（2015）研究发现，香菇中的砷随着浸泡时间的延长，其含量在逐步降低。

(三)油炸对食用菌中砷的影响

Toni 等（2016）采用电感耦合等离子体质谱（ICP-MS）分析发现香菇、双孢菇和平菇 3 种食用菌经油炸后总砷含量降低了 11%。舒本胜等（2012）研究了油炸和高温烘烤对砷形态和含量的影响。结果发现，油炸样品中总砷含量降低，DMA、MMA 和无机砷含量变化表现出不一致性。除 250 ℃外，其他温度烘烤的样品总砷含量均增加，二甲基砷酸（DMA）、一甲基砷酸（MMA）、无机砷含量随温度的升高而增加，到 250 ℃时最多的增加了近 3 倍，对食用安全性有一定影响。在 150 ℃条件下油炸 15 min 和 200 ℃烘烤的样品中有新的砷化合物生成，其结构和毒性尚难确定。

(四)微波处理对食用菌中砷的影响

胥佳佳等（2017）研究了微波处理对食用菌中砷化合物稳定性的影响，主要研究了微波功率（150～450 W）和微波时间（30～150 s）对亚砷酸根（As）、砷酸根 [As（Ⅲ）]、一甲基砷酸（MMA）、二甲基砷酸（DMA）、砷甜菜碱（AsB）和砷胆碱（AsC）稳定性的影响。结果发现，当微波功率为 150 W 时，随着微波时间的增加，6 种砷标准物质的形态并没有发生显著变化。且当微波功率增加至 300 W 和 450 W 时，6 种砷标准物质的形态仍然稳定。由此可见，当微波功率为 150～450 W、微波时间为 30～150 s 时，该条件的微波所产生的能量并不能导致砷化合物分解和转化。

另外，对微波处理对香菇中总砷和砷化合物形态的影响也进行了研究。结果显示，在 0～150 s 的微波烫漂处理条件下，随着微波烫漂功率的增大总砷含量逐步降低，但降低的幅度逐渐变慢。而微波烫漂处理导致香菇样品中总砷含量降低的可能原因为：清洗及微波烫漂试验中所用水为去离子水，去离子水中砷含量较低，不可能使香菇样品中总砷含量增加，且水洗、微波烫漂等过程能够使砷溶解到水中，从而降低了香菇样品中砷的浓度，微波处理可使香菇样品中的砷挥发或者溶解到水中，随着微波功率和时间的增加，会加速香菇中砷的溶出，且微波烫漂后弃去试验用水，导致香菇样品中砷的总量减少。5 种砷化合物的溶出率：AsB（62.74%）＞MMA（57.89%）＞As（Ⅴ）（48.99%）＞DMA（27.69%）＞As（Ⅲ）（22.44%），由此可见微波处理对鲜香菇中 AsB、MMA、As（Ⅴ）的影响较大。另外，鲜香菇经微波处理后 As（Ⅲ）的生物可及性降低，而 As（Ⅴ）的生物可及性升高，经微波烫漂处理后香菇的食用风险降低。

主 要 参 考 文 献

陈琛，2015. 食用菌中重金属和砷的形态分析及加工处理对香菇中重金属和砷的影响 [D]. 南京：南京农业大学.

陈琛，汤静，胡秋辉，等，2015. 四种食用菌中重金属和砷的总量测定及形态分析 [J]. 食品工业科技（10）：49-53.

段志敏，李瑛，徐丹先，等，2017. 云南省野生食用菌中总砷含量调查 [J]. 食品安全质量检测学报（10）：3780-3784.

甘源，唐晓琴，何健，等，2017. 重庆市野生食用菌中总砷及砷形态含量调查 [J]. 现代预防医学（44）：4073-4076.

高继庆，2008. 海藻中形态砷的分析及受加工工艺影响的研究 [D]. 青岛：中国海洋大学.

何旭孔，白冰，邢增涛，等，2013. 香菇对培养料中镉的富集作用研究 [J]. 食品科学，34（21）：183-187.

黎勇，黄建国，袁玲，2006. 重庆市主要食用菌的重金属含量及评价 [J]. 西南农业大学学报（自然科学版）（4）：231-235.

李海波，魏海龙，胡传久，等，2013. 外源钙对香菇富集重金属的抑制作用 [J]. 中国林副特产（6）：

1-4.

李优琴，吴素玲，黄娟，等，2010. 江苏市场食用菌重金属、农药污染状况及评价 [J]. 江苏农业学报，26 (6)：1391-1394.

李远东，陈强，张金霞，等，2009. 我国栽培食用菌的重金属调查 [J]. 中国食用菌，28 (4)：32-34.

林燕奎，王丙涛，颜治，等，2012. 食用菌中的总砷和砷形态分布研究 [J]. 食品科技 (5)：295-299.

刘宇飞，陈萍萍，2013. 香菇和平菇中几种重金属的质量分数及其健康风险评估 [J]. 中国医学创新，10 (34)：145-146.

施巧琴，陈静仪，1991. 重金属在食用菌中的富集及对其生长代谢的影响 [J]. 菌物学报，10 (4)：301-311.

舒本胜，翟毓秀，刘俊荣，等，2012. 加工方式对海带和紫菜中砷及其形态的影响 [J]. 食品工业科技，33 (9)：166-170.

王玥龙，2016. 大庆地区 4 种常见食用菌中砷、铅、汞、镉重金属分析 [J]. 黑龙江科技信息 (1)：85-86.

闻剑，杨晓东，尼珍，等，2018. 西藏林芝地区野生食用菌重金属污染状况调查及其暴露评估 [J]. 中国热带医学，18 (9)：881-883.

胥佳佳，2017. HPLC-ICP-MS 联用分析食用菌中砷形态的研究 [D]. 南京：南京农业大学.

杨晖，赵鹏，张龙，等，2015. 外源添加物降低镉胁迫下香菇体内镉含量及对酶活性的影响 [J]. 核农学报，29 (1)：181-191.

余国营，吴燕玉，1998. 落叶松落叶前后重金属元素内外迁移循环规律研究 [J]. 生态学报，18 (2)：202-209.

赵维梅，2010. 环境中砷的来源及影响 [J]. 科技资讯 (8)：146.

郑伟华，王成，张红艳，等，2016. 7 食用菌铅、镉、汞、砷含量监测及质量安全风险评价 [J]. 西南农业学报，29 (2)：396-401.

竺朝娜，冯英，胡桂仙，等，2010. 水稻糙米砷含量及其与土壤砷含量的关系 [J]. 核农学报，24 (2)：355-359.

Chen L，Jiang Y，Wang M L，et al.，2009. The determination of 7 heavy metals of 3 edible fungi in part area of Sichuan Province [J]. Edible Fungi of China，28 (2)：39-42.

García M A，Alonso J，Fernández M I，et al.，1998. Lead content in edible wild mushrooms in northwest Spain as indicator of environmental contamination [J]. Archives of Environmental Contamination and Toxicology，34 (4)：330.

Jerzy，F，Chwir A，1997. The concentrations and bioconcentration factors of mercury in mushrooms from the Mierzeja Wiślana sand-bar，Northern Poland [J]. Science of the Total Environment，203 (3)：221-228.

Jerzy F，Jan B，2013. Macro and trace mineral constituents and radionuclides in mushrooms：health benefits and risks [J]. Applied Microbiology and Biotechnology，97 (2)：477-501.

Kirchner G，Daillant O，1998. Accumulation of ^{210}Pb，^{2}Ra and radioactive cesium by fungi [J]. The Science of the Total Environment，3 (1)：222-232.

Lai G，Chen G，Chen T，2016. Speciation of As（Ⅲ）and As（Ⅴ）in fruit juices by dispersive liquid-liquid microextraction and hydride generation-atomic fluorescence spectrometry [J]. Food Chemistry，190：158-163.

Lau B F，Abdullah N，2017. Bioprospecting of *Lentinus squarrosulus* Mont，an underutilized wild edible mushroom，as a potential source of functional ingredients：A review [J]. Trends in Food Science and Technology，61：116-131.

Liu B，Huang Q，Cai H，et al.，2015. Study of heavy metal concentrations in wild edible mushroom in Yunnan Province，China [J]. Food Chemistry，188：294-300.

Llorente-Mirandes T，Llorens-Muoz M，Funes-Collado V，et al.，2016. Assessment of arsenic bioaccessibility in raw and cooked edible mushrooms by a PBET method [J]. Food Chemistry，194：849-856.

Melgar M J，Alonso J，Garcia M A，2014. Total contents of arsenic and associated health risks in edible mushrooms，mushroom supplements and growth substrates from Galicia（NW Spain）[J]. Food and Chemical Toxicology，73（4）：44-50.

Michelot D，Siobud E，Doré J C，et al.，1998. Update on metal content profiles in mushrooms——toxicological implications and tentative approach to the mechanisms of bioaccumulation [J]. Toxicon，36（12）：1997-2012.

Pacyna J M，Pacyna E G，2001. An assessment of global and regional emissions of trace metals to the atmosphere from anthropogenic sources worldwide [J]. Environmental Reviews，9：269-298.

Sakurai T，Kojima C，Ochiai M，et al.，2004. Evaluation of in vivo acute immunotoxicity of a major organic arsenic compound arsenobetaine in seafood [J]. International Immunopharmacology，4（2）：179-184.

Thomet U，Vogel E，Krahenbuhl U，1999. The uptake of cadmium and zinc by mycclia andtheir accumulation in mycclia and fruiting bodies of adible mushrooms [J]. European Food Research and Technology，209（5）：317-324.

Zhang L，Qin X，Tang J，et al.，2016. Review of arsenic geochemical characteristics and its significance on arsenic pollution studies in karst groundwater，Southwest China [J]. Applied Geochemistry，77：80-88.

第四章　新鲜果蔬生产加工中砷的迁移与控制

第一节　新鲜果蔬中砷的来源及富集

王彩霞等（2016）2012—2015 年在陕西省共采集 1 270 份新鲜蔬菜和 363 份新鲜水果测定其砷含量，结果发现果蔬中的砷的平均含量范围为 0.013～0.036 mg/kg；8 类蔬菜的砷含量相近，6 类水果中瓜果类的砷含量较高，平均值为 0.052 mg/kg；陕西省宝鸡、延安和商洛地区果蔬砷含量较高。那么是什么把砷引入新鲜果蔬的呢？

一、新鲜果蔬中砷的来源

新鲜果蔬中砷的来源主要为土壤、大气沉降、污水灌溉、施肥等。

（一）土壤

果蔬农田土壤砷污染分为天然污染和人为污染两大类。天然污染包括砷元素富集中心或矿床附近等地质因素造成的地区性土壤污染；气象因素引起的土壤淹没、冲刷流失、风蚀以及地震、火山爆发等。人为污染包括固体废物的污染，如人类生活垃圾、工业渣土、矿山尾矿等；农药、肥料在土壤中的残留、积累；污水灌溉及大气重金属污染物通过降水、沉降进入土壤。通常来说，砷在土壤中的特点是毒性强，极低的浓度即显示较强的毒性。土壤中的砷难以被微生物降解，因而长期停留在环境中，无法被彻底清除，且砷的变化仅是化合价和化合物种类的变化。土壤中的砷离子可被果蔬植物体吸收，进而进入果实中。

土壤胶体对砷的吸附作用在很大程度上决定着土壤中砷的分布，吸附过程也是砷离子从液相转入固相的主要途径。砷在土壤中的化学行为受土壤物理化学性质的强烈影响，进入土壤中的砷大部分被土壤颗粒吸附。通过土壤柱淋溶试验，发现淋溶液中的砷 95％ 以上被土壤吸附，进而被植物体吸收利用。

（二）大气沉降

大气沉降是陆地生态系统中污染物的重要来源之一，工业区、城区土壤中重金属的积累常常与大气环境质量有关；随着大气沉降的增强，地表土壤中重金属积累也有增加的趋势，大气沉降在一定程度上也增加了植物对土壤中重金属的吸收。因此，通常认为大气沉降可通过增加土壤污染而影响果蔬的安全。但近年来的调查也发现，某些植物也可通过叶面拦截方式直接接收大气中的污染物，长期暴露在污染环境下的植物组织中常常有较高的重金属积累。

王京文等（2018）研究发现萝卜地上部砷积累量随大气沉降量的增加而增加，大棚内生长的萝卜的砷含量明显低于露天条件下生长的蔬菜，证实了大气沉降是萝卜地上部砷的重要来源之一。对萝卜清洗前后对砷的分析结果表明，清洗可明显降低萝卜中砷的含量，表明通过大气沉降积累在萝卜上的砷有一定的量以颗粒态存在。但是通过清洗方式并没有完全除去由大气沉降引入的砷，这可能表明部分通过大气沉降沉积在萝卜表面的砷已通过蔬菜叶片的气孔进入萝卜组织内或被蔬菜紧密地固定。这是因为植物的叶片都有大量的气孔。各种大气污染物除通过气孔直接进入细胞内部外，还可以透过角质层、蜡质层被表面细胞吸收。有研究表明，蔬菜等农作物叶片对施于其表面的营养物质能进行主动吸收。在农业生产上，叶面喷施已成为一种有效的蔬菜养分补充手段，是用来解决蔬菜生长期间缺乏铁、锰、铜、锌、硼等微量元素的一种施肥方法，其养分吸收的途径为：通过细胞壁、原生质膜进入细胞内部，参与植物的代谢活动。在工业区的试验结果还表明，大气沉降不但增加了地上部砷的积累，也在一定程度上增加了地下部砷的积累（徐顺宝，1994）。

（三）其他来源

有学者研究发现利用含有砷元素的清水、再生水灌溉或进行污泥施肥均可造成表层土壤中砷的累积（蔡亭亭等，2014），因此也说明污水和重金属复合污染物中的砷可通过土壤这一媒介被果蔬吸收。Aurélie 等（2019）研究发现将亚砷酸钠作为杀真菌剂治疗葡萄枝干病害时，会显著影响植物的生长，尤其会使葡萄浆果成熟期时的绿芽的数量变少、长度和直径降低。

二、新鲜果蔬中砷的富集

（一）新鲜果蔬中砷富集的评价指标

重金属在植物体内的积累是植物吸收和分布的结果，通常用富集系数（bio-concentration coefficient，BCF）和转运系数（transfer coefficient，TF）来评价植物对重金属的吸收富集能力。

富集系数（BCF）反映沉积物或土壤中重金属向植物体内迁移的难易程度。王方圆等（2020）研究发现随着生长时间的延长，水芹地上部和根部对外源砷的富集能力基本呈增加趋势，生长至 20d 时，富集系数达到了同浓度最大值；同一生长时段，外源砷浓度越大，水芹的地上部和根部对砷的富集能力越小，生长在 5 mg/L 砷培养液中的水芹的富集系数最大。

转运系数（TF）被用来评价植物体中的重金属元素由根部向地上部转运的难易程度，从而衡量植物体对重金属污染的修复能力。随着水芹的生长，5 mg/L 砷处理的水芹对砷的转运系数呈上升趋势，15 mg/L 砷处理的水芹对砷的转运系数呈先升后降趋势，30～40 mg/L 砷处理的水芹对砷的转运系数呈下降趋势。每个生长时间段，不同浓度砷处理条件下水芹对砷的转运系数均小于 1，说明水芹对砷元素的富集主要是在根部，且从根部往地上部转移的能力随着砷质量浓度的升高而降低。水芹对砷的转运系数变化范围为0.040～0.188，水芹对汞的转运系数变化范围为 0.014～0.137，说明水芹对砷的转运能力大于汞，因此推断出在新鲜果蔬中砷更容易富集。

（二）不同品种果蔬中砷的富集能力

受植物基因型、生长特性、生长环境等的影响，不同植物或同种植物的不同品种对砷的富集能力存在很大差异。各种蔬菜的砷富集能力为：叶菜类＞根茎类＞球茎类＞果菜类（杨倩等，2020）。涂杰峰等（2016）也发现了蔬菜中砷的富集系数为叶菜类＞根茎类＞瓜果类，其中茼蒿的富集系数最大，豌豆和辣椒的富集系数最小。李富荣等（2018）研究发现番茄对砷的富集能力明显强于辣椒和茄子。张骞等（2018）研究发现各品种生菜砷吸收能力的顺序为耐抽薹生菜＞绿萝＞美国大速生＞罗沙绿＞紫罗马。大量研究结果表明，大部分植物中的砷含量与其所生长土壤中的砷含量线性正相关（陈剑等，2018）。沉水植物的砷富集能力要强于浮水植物和挺水植物，根系发达植物的砷富集能力强于根系不发达的植物。何海成等（2016）研究发现不同水生植物对生活污水中砷的富集能力为菖蒲＞千屈菜＞水生黄鸢尾＞美人蕉。因外部形态及内部结构有异，吸收砷元素的生理生化机制不同，植物的不同部位对砷的累积量差异显著。茭白和菱角对水体中砷的富集系数远大于对土壤中砷的富集系数；茭白茎的砷富集能力大于叶；菱角根的砷富集能力大于叶（秆）。

姚秀娟（2009）研究了鸡粪中洛克沙肿和阿散酸对生菜和菠菜中总砷残留规律的影响。在肉仔鸡饲料中添加推荐剂量的洛克沙肿和阿散酸，收集鸡粪作为有机肥施于种植生菜和菠菜的土壤中。结果发现蔬菜中的总砷含量均与鸡粪添加量正相关。生菜和菠菜相比，前者更容易富集土壤中的砷；种植菠菜的土壤的总砷残留量最高。蔬菜可食部分和土壤中总砷含量均未超出我国相关的标准，但是最高鸡粪添加量组的菠菜不可食部分总砷含量超出我国相关食品卫生标准［根据中华人民共和国农业部（现农业农村部）公告　第2638号文的规定，已于2018年1月11日起要求全面禁用喹乙醇、氨苯肿酸（阿散酸）、洛克沙肿等3种兽药的原料药及各种制剂］。

果蔬对砷的耐受性也可以从侧面说明对其砷的富集程度。果蔬对砷的耐受性越强，则对砷的富集程度越高。姜志艳（2013）以白菜、番茄为试验对象，开展水培试验，研究果蔬植物在不同浓度砷处理条件下的生长情况，结果发现不同浓度砷处理条件下，番茄和白菜的株高均表现出先增加后降低的趋势。砷酸盐和亚砷酸盐等无机形态的砷可抑制根系生长。番茄根长随砷处理浓度的增加表现出先增加后降低的趋势。而随着砷浓度的增加，白菜根长呈现降低趋势。通过观察砷在蔬菜中的转运分配情况，发现番茄和白菜茎叶中砷的含量随着水培含量的增加而增加。根据国标《食品安全国家标准　食品中污染物限量》（GB 2762—2017），新鲜蔬菜中的总砷含量不得超过 0.5 mg/kg（鲜重），在 0.5 mg/L 砷处理条件下，白菜地上部鲜重砷含量达到 0.809 mg/kg，已经超出了相关标准限量，而番茄地上部砷含量未超标。随着水培液中砷浓度的增大，番茄和白菜地上部和根部砷含量也随之明显增加。因此砷对植物株高、根长、地上部和根部生物量具有不同程度的抑制作用，进而体现出对砷的富集程度。

第二节　新鲜果蔬中砷的形态及分布

一、新鲜果蔬中砷的形态

植物可从污染的土壤中吸收砷，施喷到叶片上的含砷农药也可被叶片吸收，并从叶鞘向根、茎和其他叶片转移。从土壤中吸收的砷主要集中在根和茎、叶等生长旺盛的部位，向种子的转移较少。在我国全面禁用含砷农药前，在果蔬上会少量使用有机砷杀菌剂甲基砷酸锌等。因此多种果蔬体内引入的自然砷含量见表 4-1（滕崴等，2010）。

表 4-1　果蔬中自然砷的含量（干重）

单位：mg/kg

果蔬	自然砷含量	果蔬	自然砷含量
葡萄	0～0.400	黄瓜	0.029～0.787
梨	0.300～0.600	莴苣	0.430
苹果	0.008～0.545	黄豆	0.146～0.460
核桃	0.097	豌豆	0～0.563
茄子	0.075～0.150	扁豆	0.104～0.841
白菜	0～0.040	胡萝卜	0.028～0.432
马铃薯	0.150～0.400		

自然界中的砷主要以无机砷和有机砷的形式存在。无机砷的毒性较大，如与氧、氯和硫结合的亚砷酸根［As（Ⅲ）］、砷酸根［As（Ⅴ）］等。而有机砷的毒性相对较小，如与碳和氢结合的一甲基砷（MMA）、二甲基砷（DMA）、砷甜菜碱（AsB）、砷胆碱（AsC）、阿散酸（ASA）、洛克沙胂（ROX）等。新鲜果蔬中能够被检测出来定性定量的砷主要以 6 种形态存在，分别为亚砷酸根、砷酸根、砷胆碱、砷甜菜碱、一甲基砷酸和二甲基砷酸。杨丽君等（2011）建立了一种同时测定果蔬中 6 种砷形态的高效液相色谱-电感耦合等离子体质谱分析方法。

（一）新鲜果蔬中砷的形态

张丹羽（2019）从杭州市场收集了 5 种莲藕，经检测发现 DMA 是唯一被检测到的含砷物质，含量为 $3.5\sim7.9\ \mu g/kg$，远低于国家标准 GB 2762—2017 新鲜蔬菜允许的最大值（总砷含量为 0.5 mg/kg），证明了此批次莲藕的安全性。而从杭州市场收集的 5 种莲子中检测发现了 DMA 是唯一的含砷物质，DMA 含量为 $19.6\sim28.2\ \mu g/kg$，低于国家标准 GB 2762—2017 新鲜蔬菜允许的最大值（总砷含量为 0.5 mg/kg），证明了此批次莲子的安全性。因此说明购买的 5 种莲藕和莲子中的砷元素主要以 DMA 的形态存在。也有学者研究发现不同砷浓度条件下栽培的莲藕中砷的形态略有差异，低浓度砷条件下莲藕中砷以 As（Ⅲ）、AsB 和 MMA 的形态存在；高浓度砷条件下莲藕中的砷转化为有机态的概率略低，无机态砷以 As（Ⅲ）和 As（Ⅴ）为主，As（Ⅲ）所占比例明显高于 As（Ⅴ），有机态砷以 AsB 和 MMA 为主，部分器官含有少量的 DMA（张静玉等，2018）。王琦（2020）对不同浓度不同价态的砷胁迫进行了研究，同时对培养液中砷形态进行了动态监测。研究结果显示在 As（Ⅴ）、As（Ⅲ）胁迫下，生菜（包括根、茎、叶）中的砷主要以 As（Ⅲ）的形态存在，没有有机砷。当培养液初始添加 As（Ⅴ）的浓度小于 5 mg/L、As（Ⅲ）的浓度小于 2 mg/L 时，生菜叶中砷的含量不会超过 GB 2762—2017 中规定的新鲜蔬菜砷的限量值。Ma 等（2017）使用 1% 的硝酸作为萃取剂，在 90 ℃条件下通过微波萃取 1.5 h 的前处理方法结合 HPLC-ICP-MS 分离测定了 13 种叶类蔬菜（总共 42 个样品）中的砷类物质，实际样品的提取效率在 77%～105%。在所有样品中均发现了 As（Ⅲ）和 As（Ⅴ），但是未检测到 MMA、AsB 和 AsC，在近一半的样品中检测到了 DMA，其浓度范围为 0.5～13.1 ng/g。结果表明无机砷形态在叶类蔬菜中占主导地位，占总砷含量的 97% 以上，可能是由于无机砷在叶类蔬菜中更容易累积。秦玉燕（2020）

也发现小白菜中的砷以毒性较高的 As（Ⅲ）和 As（Ⅴ）为主，部分样品中含有少量的 DMA，所有样品中均未检出 MMA、AsB 和 AsC。

（二）新鲜果蔬中砷的形态

Narukawa 等（2018）利用 HPLC-ICP-MS 方法测定了日本市场上的葡萄及葡萄产品中的砷形态，发现 9 种葡萄浓缩果汁中总砷的浓度范围为 3～20 ng/g，主要为 As（Ⅲ）、As（Ⅴ）、MMA、DMA 4 种砷形态，其中无机砷含量占总砷含量的 80%。姚晶晶等（2017）采用 0.15 mol/L 的硝酸溶液结合 90 ℃条件下热浸提 2.5 h 的前处理方法，利用 Hamilton PRP-X100 阴离子交换柱分离砷，通过 ICP-MS 测定了宽皮桔等水果中的 5 种砷形态，发现水果中不同形态砷的含量为 As（Ⅴ）＞As（Ⅲ）＞DMA＞MMA＞AsB，其中 As（Ⅴ）和 As（Ⅲ）的含量分别为 0.029～0.045 mg/L 和 0.023～0.027 mg/L。

二、新鲜果蔬中砷的分布

（一）新鲜果蔬中砷含量和形态的分布

Narukawa 等（2018）发现新鲜葡萄中的砷主要集中在果皮中，在果实中的含量较低，而在树枝和果汁中则没有砷被检出。张静玉等（2018）研究了莲藕的不同器官中总砷和砷形态的分布，莲藕的各器官中无机砷占比在 29.03%～45.21%；莲藕地下部的总砷含量和无机砷占比普遍高于地上部，因此莲藕向地上部转移砷的能力有限，不属于砷超富集植物。藕和莲蓬作为莲藕的可食部分，所含无机砷的量低于其他器官，更有利于食品的安全控制。旺盛生长期的藕带对砷的富集水平较高，无机砷占比也略高于其他可食部分，因此需要更严格的质量控制。

崔星怡等（2017）研究了土壤砷污染（66.4 mg/kg）胁迫对 19 种空心菜中砷累积以及砷的亚细胞分布的影响，发现空心菜地上部砷的含量范围为 0.73～191.12 mg/kg，均超出食品中污染限量标准（0.5 mg/kg），而这 19 个空心菜品种地上部的亚细胞中固持砷含量顺序为胞质（49.06%～77.44%）＞细胞器（19.90%～46.82%）＞细胞壁（2.22%～16.73%）；根部亚细胞中固持砷含量顺序为胞质（47.61%～84.95%）＞细胞器（2.18%～39.32%）＞细胞壁（1.04%～29.49%）。此外，油青空心菜根部的胞质、细胞器与细胞壁中固持砷含量在 19 个空心菜品种中为最高，分别达到 20.39 mg/kg、9.99 mg/kg 和 10.47 mg/kg。进一步分析发现，19 个空心菜品种地上部及根部之间各亚细胞固持砷含量差异不显著（$P＞0.05$），但同一品种间细胞壁、细胞器与细胞质中固持砷含量具有显著性差异（$P＜0.05$）。

土壤中的砷含量可以改变新鲜果蔬中砷的分布。裴艳艳等（2013）为研究土壤加砷对魔芋中砷分布的影响，进行了土壤加砷盆栽魔芋试验。结果表明，试验条件下魔芋球茎和茎叶的砷含量范围分别为 2.12～14.98 μg/g 和 1.23～21.23 μg/g，均与土壤加砷量呈极显著的线性相关关系。土壤未加砷条件下，球茎的砷含量高于茎叶；土壤加砷后，茎叶的砷含量高于球茎。魔芋的富砷量与土壤加砷量呈极显著的线性相关关系，在低土壤砷水平下，魔芋球茎富砷量大于茎叶；高土壤砷水平下，魔芋茎叶的富砷量大于球茎。与土壤未加砷对比，土壤加砷降低了魔芋球茎富砷量所占比例，增加了魔芋茎叶富砷量所占比例；低土壤砷水平下，球茎富砷量所占比例高于茎叶；高土壤砷水平下，茎叶富砷量所占比例高于球茎。魔芋对土壤中砷的利用量与土壤加砷量呈极显著的线性相关关系，魔芋对土壤中砷的利用率只有 0.025%～0.084%。魔芋球茎和茎叶对砷的富集系数分别为 0.03～0.13 和 0.07～0.13，同土壤未加砷比，土壤加砷降低了球茎的富集系数，增加了茎叶的富集系数，在土壤未加砷条件下，球茎的富集系数高于茎叶，在土壤加砷条件下，茎叶富集系数高于球茎。总之，土壤加砷不仅显著增加了魔芋球茎和茎叶的砷含量，也改变了砷在魔芋体内的分布格局。

(二)叶菜类蔬菜中砷的分布机理

张凤琳等（2020）研究了砷胁迫下砷在生菜中的迁移转化过程，通过三价砷 As（Ⅲ）胁迫试验研究了各形态砷在生菜中的分布特征，在生菜根部和叶部都仅检测到了 As（Ⅲ）和 As（Ⅴ），其中 As（Ⅲ）为主要砷形态，在根和叶中分别占 75%～85%、83%～87%。As（Ⅲ）经水通道蛋白被植物根部吸收，As（Ⅴ）可经细胞膜上的磷酸根转运蛋白被植物吸收。在根部检测到 As（Ⅴ）可能有以下两个原因：①As（Ⅲ）在生菜根部被氧化成 As（Ⅴ）。②As（Ⅲ）在培养液中被氧化成 As（Ⅴ），再被生菜根部吸收。同时，As（Ⅴ）也可以在植物体内被还原为 As（Ⅲ）。因此，在生菜根部可能存在 As（Ⅲ）与 As（Ⅴ）的相互转化过程。

As（Ⅲ）对巯基具有很强的亲和力，可以与含巯基的蛋白结合，植物对 As（Ⅲ）解毒的主要途径之一便是合成谷胱甘肽（GSH）或植物络合素（PCs）与 As（Ⅲ）络合形成 As（Ⅲ）-巯基络合物并转移至液泡中隔离起来。此研究中，当胁迫浓度升至 2 mg/L 时，根中 As（Ⅲ）的含量不再显著增加，表明在高浓度砷胁迫下，谷胱甘肽（GSH）和植物络合素（PCs）的合成能力达到最大，根对 As（Ⅲ）的固定逐渐达到饱和，无法有效地限制 As（Ⅲ）向地上部分的运输，因此，在 2～10 mg/L 砷胁迫下叶中 As（Ⅲ）含量的增加幅度高于低胁迫浓度下叶中 As（Ⅲ）含量的增加幅度。

空心菜从土壤中吸收的砷主要储存在胞质中，地上部胞质中的砷含量占亚细胞总砷含量的 49.06%，地下部胞质中的砷含量占亚细胞总砷含量的 47.61%。细胞壁和胞质固持砷的能力越强，砷对空心菜的毒害作用越弱，植株生长就越好。而细胞器中固持太多的砷，会影响细胞正常的代谢活动，危害植株生长。植物的胞质组分由细胞质和液泡组成，细胞液是细胞新陈代谢的主要场所，液泡的主要功能是参与细胞的水分代谢，同时也是植物细胞代谢副产品及废物囤积的场所。空心菜对砷的解毒主要是通过液泡的区隔化来实现的（崔星怡等，2017）。

第三节　新鲜果蔬生产加工中砷的控制

一、新鲜果蔬生产过程中砷的控制

（一）植物修复技术对新鲜果蔬中砷的控制

植物修复技术的概念是 1983 年美国科学家钱尼（Chaney）提出的，利用植物来富集土壤中的重金属以清除土壤污染物，相较于工程修复、化学固定、微生物修复这 3 种修复方法成本高、对土壤有二次污染、周期长等缺点，植物修复的优点为成本低、对环境扰动小、适用于大面积处理、还能净化环境和恢复土壤有机质。

植物修复是指利用植物吸收土壤中的重金属，最终达到清除土壤中重金属的目的，也被称为绿色修复或生物修复。按照修复机理的不同可将植物修复分为植物提取、植物稳定、植物挥发、植物降解等。

植物提取是指重金属超积累植物从土壤中吸取一种或几种重金属，并将其转移、储存在地上部，随着收割并集中处理地上部（填埋、焚烧、提取重金属等）而去除污染土壤中的重金属（Li et al.，2019）。植物稳定需要将植物种植在重金属污染土壤中，利用植物根系对污染物的吸收、分解、氧化、还原、固定等作用，将有毒重金属转化为低毒性，此种方法并不能永久去除土壤中的重金属，只能降低污染。而植物挥发是利用植物吸收土壤中的重金属，将其转化为低毒的易挥发状态，通过蒸腾作用从叶片气孔中散发到大气中，此方法适用于能以气态存在于环境中的重金属，如汞和砷。植物降解又称为植物转化，植物通过根系吸收重金属后，利用根际土壤中微生物的协调和代谢作用降解和去除重金属。

通过植物修复技术可以有效控制土壤中砷等重金属的含量，所以种植期间果蔬吸收砷的量将减少，从而也控制了新鲜果蔬中砷的含量。

（二）外源元素对新鲜果蔬中砷的控制

1. 外源硒

胡良（2019）发现在土壤中添加外源 Se-Y（酵母硒）和 Se-M（麦芽硒）后，能有效地减少上层土壤中的砷含量、改善土壤中的微生物群落结构、抑制萝卜对砷的吸收、缓解砷对萝卜的毒理效应、降低砷的生物可利用度。Se-M、Se-Y 和 Se（Ⅳ）（亚硒酸钠）处理组萝卜根砷的含量均低于对照组，抑制了萝卜对砷的吸收。随着施硒水平的增加，Se-M 和 Se-Y 处理组萝卜砷含量呈现逐渐下降的趋势，而 Se（Ⅳ）处理组砷含量呈先减少后增加的趋势。各硒处理组萝卜中有机砷含量平均值的顺序为：Se-M＞Se（Ⅳ）＞Se-Y，而有机砷占总砷的百分含量规律为：Se-M＞Se-Y＞Se（Ⅳ）。砷由土壤向萝卜迁移的转运系数顺序为：$TF_{soil-root}$（土壤到根的转运系数）＞$TF_{soil-shoot}$（土壤到发芽的转运系数）＞$TF_{soil-leave}$（土壤到叶的转运系数），呈现由下而上逐渐减少的趋势。双因素方差分析结果表明，不同硒源、硒水平及其交互因子均对萝卜各组织中的砷含量及酶活性存在极显著影响（$P < 0.01$）。

砷的生物利用率方面，添加不同外源硒后，胃相和小肠相的砷含量均小于对照组，有机硒对砷的拮抗作用比无机硒更为明显；各处理组胃相的砷含量均小于小肠相的砷含量，As（Ⅲ）（亚砷酸盐）的含量低于 As（Ⅴ）（砷酸盐）的含量，不同外源硒处理中无机砷的百分含量在 $43.97\%\sim78.57\%$，这表明硒能影响无机砷和有机砷的相互转化。胃相和小肠相中的生物可利用度的大小顺序均为：Se（Ⅳ）组＞酵母硒组＞麦芽硒组，可见添加有机硒比添加无机硒更能降低砷的生物可利用度。Se（Ⅳ）、Se-Y 和 Se-M 处理的萝卜砷含量均与胃相和小肠相中的砷生物可利用度显著正相关（$P < 0.01$）。双因素方差分析结果表明，添加不同外源硒、处理水平及其交互因子均对胃相和小肠相的生物可利用度存在极显著影响（$P < 0.01$）。

2. 外源磷

在植物中，磷酸盐和砷酸盐有相同的吸收系统，因此，提高磷酸盐含量可以减少砷的吸收。提高磷酸盐含量可以使紫花苜蓿、印度芥菜等植物砷的吸收量下降，提高植物磷营养，促进植物生长。祖艳群等（2009）研究了磷肥的施用对云南丘北辣椒砷含量及分配的影响。研究表明，随着磷肥施用量的增加，土壤水溶态砷的含量逐渐下降，辣椒茎叶、根和果实中总砷含量也逐渐降低，辣椒果实中的总砷含量低于总量的 1.5%；辣椒各部位的总砷含量和砷的有效富集系数均表现为根＞茎叶＞果实，辣椒果实砷的有效富集系数为 0.32～0.75；随着磷肥施用量的增加，辣椒根、茎叶和果实砷的富集系数逐渐增加，过多的磷肥施用量可能成为增加砷在辣椒中积累的潜在威胁，因此磷肥的施用不宜过量。

3. 外源氮

氮肥对丘北辣椒砷积累有一定的影响。研究表明随着施氮量的增加，辣椒的生物量增加，有利于植株地上部的生长；随着施氮量的增加，植株叶片中的叶绿素含量逐渐增加；随着施氮量的增加，植株丙二醛含量减少，砷对植株的毒害作用降低；随着施氮量的增加，植株中的总砷含量表现出增加的趋势，300 kg/hm² 氮素处理时辣椒的砷含量最高，为 3.09 mg/kg；随着施氮量的增加，植株中砷含量也增加，可能是因为 NH_4^+ 和 AsO_4^{3-} 的结合形成了易被辣椒吸收的化合物，从而使辣椒对砷的吸收随着氮浓度的增加而增加，因此氮素的施用在一定程度上可能增加辣椒对砷的吸收（祖艳群等，2012）。研究表明，施用氮肥会增加砷的毒性，其原因是施用氮肥会降低土壤的氧化还原电位，易导致五价砷被还原成三价砷，三价砷不易被土壤吸附，增加了土壤中砷的可溶性，易被植株吸收。而三价砷的毒性比五价砷的毒性大得多，所以在砷污染土壤中不适宜大量施用氮肥。

（三）间作修复技术对新鲜果蔬中砷的控制

郭悦（2019）提出了一种经济价值较高的果树（柑橘）与超富集植物（蜈蚣草）间作修复砷污染土壤的技术。该研究发现，间作修复模式可提高蜈蚣草中砷的含量，降低柑橘叶中砷的含量，提高土壤中有效态砷的含量，降低土壤中全砷的含量，更有利于污染土壤的修复净化，是一种十分有效的修复污染土壤的方法。

三个品种的柑橘（本地柑橘、爱媛 38 号、大雅柑橘）均对土壤砷具有低积累特性，可以种植在砷污染的农田上，具有重大的推广应用价值，且间作修复模式改变了土壤内环境，有利于柑橘和蜈蚣草的生长，同时能促进蜈蚣草对土壤中砷的吸收，降低柑橘中砷的含量，其中爱媛 38 号柑橘间作模式效果最明显；通过食品安全检测，间作模式下三个品种柑橘（本地柑橘、爱媛 38 号、大雅柑橘）果实的砷含量均未超标，并且从口感品质方面来评价均为优品果；间作修复模式下，柑橘根际环境改变了原有土壤性质之间的相关性，从而促进了土壤中有效态砷的转化，增强了蜈蚣草对砷的富集；通过对投入成本、经济收入以及最终经济效益三个方面的评估，发现不同品种柑橘间作修复模式均具有明显的经济效益，其中爱媛 38 号柑橘收益最大，是最佳的种植品种。这也给我们提供了一个不仅能够提高果蔬食品质量安全，还能降低土壤中重金属含量的全新的思路。

二、新鲜果蔬加工过程中砷的控制

（一）　新鲜果蔬加工过程中砷的控制

有学者研究了腌制加工对新鲜果蔬中砷的控制。何健（2009）将新鲜萝卜腌制 3d 后发现总砷和无机砷含量都处于下降趋势，在第 3 天分别降低了 50% 和 44.7%。在入坛腌制过程中，总砷和无机砷含量都呈现下降的趋势，在腌制 40d 和 50d 后，总砷和无机砷含量趋于平稳，可能是萝卜入坛腌制后水分含量逐步趋于稳定，萝卜中砷不再随汁液渗出。因此，初腌制过程中萝卜汁液中总砷的含量随时间的延长而增加，萝卜初腌制中总砷、无机砷的含量逐渐降低，说明腌制能将部分砷溶入汁液中。溶出的砷主要是有机砷，无机砷很少，最多仅占总砷的 2%。新鲜青菜头的总砷含量为 0.068 mg/kg，无机砷含量为 0.033 mg/kg，无机砷占总砷含量的 45%。随着腌制的进行，总砷含量开始降低，腌制第 2 天总砷含量下降了 29%，而无机砷含量在腌制第 2 天增加到 0.047 mg/kg，随后迅速下降。在第 3 天降到 0.026 mg/kg，此时总砷增长到 0.064 mg/kg。第 4 天，总砷含量为 0.059 mg/kg，40d 后总砷含量趋于稳定，此时总砷含量为 0.043 mg/kg，无机砷含量为 0.032 mg/kg，占总砷的 75%。腌制初期，总砷和无机砷含量均处于波动状态，40d 之后砷含量处于平稳状态。

沙棘果油是以优质精选的沙棘果为原料经过离心、压榨等工艺而制得的棕红色澄清透明的油状液体，具有沙棘果实特有的芳香气味。青藏高原的沙棘由于生长环境地质和土壤的特殊性，其果油中砷含量较高，高浓度砷的存在势必影响产品的安全性，因此提取沙棘果油的时候可以加入活性沸石脱砷，砷的含量可降至<0.1 μg/g。

韩燕等（2020）应用氢化物发生原子荧光法测定莲藕及藕粉中的砷含量，发现藕粉中的砷含量比鲜藕中的砷含量高，其原因可能是加工藕粉时所用的乳酸钙、食用香精等食品添加剂中含有砷，也可能是原藕的产地不一样，而鲜藕中的砷含量与生长时泥土中存在一定量的砷有关。

朱明等（2020）通过对贵州省贵阳、遵义、绥阳 3 个地区的鲜辣椒及采用上述辣椒作为原料生产的"老干妈"辣椒酱进行检测，得知鲜辣椒总砷的含量在 0.016～0.076 mg/kg，"老干妈"辣椒酱中均未检出无机砷、一甲基砷及二甲基砷等。同时对"老干妈"辣椒酱生产加工工艺进行模拟试验发现 3 种砷形态不受烘干和油炸等加工工艺的影响，添加回收率稳定，为 81.0%～92.3%。

(二)加工控制新鲜果蔬中砷的原因

在不同加工处理过程中，果蔬中砷浓度的变化可能是：①果蔬中水分和可溶性物质因烹调而挥发或者溶解，导致砷在食品中的浓度升高（Ersoy et al.，2006；Perelloó et al.，2008；Devesa et al.，2001）。②在烹调中砷挥发或者溶解到汁液中导致固体食物中砷的总量减少。③使用砷污染的水烹调会增加果蔬中的砷含量，而使用未污染的水烹调一般会降低果蔬中砷的含量。多种蔬菜（如芦笋、花椰菜、胡萝卜、甜菜、马铃薯、菠菜、豆角）中的砷浓度在利用未污染的水煮熟之后降低了 60%；而利用砷污染的水烹调蔬菜后，砷的浓度增加（Díaz et al.，2004；常利涛等，2011）。④果蔬的浸泡、水洗等过程能够使砷溶解到水中，从而降低了食品中砷的浓度（Devesa et al.，2001；高继庆，2008）。多种因素的综合作用导致新鲜果蔬中的砷含量在不同加工处理方式下升高或降低。

主 要 参 考 文 献

蔡亭亭，王文全，郑春霞，2014. 再生水-土壤-果蔬体系中砷的迁移 [J]. 北方园艺（5）：169-172.
常利涛，李娟，伏晓庆，等，2011. 云南傣族生活习惯对饮水砷健康危害的影响 [J]. 职业与健康，27（2）：181-182.

陈剑，檀国印，朱良其，等，2018. 不同品种单季茭对土壤重金属铅镉汞的吸收富集规律 [J]. 天津农业科学，24 (10)：50-52.

崔星怡，秦俊豪，李智鸣，等，2017. 不同品种空心菜对重污染土壤砷的吸收累积及其亚细胞分布 [J]. 农业环境科学学报，36 (1)：24-31.

高继庆，2008. 海藻中形态砷的分析及受加工工艺影响的研究 [D]. 青岛：中国海洋大学：26-32.

郭悦，2019. 蜈蚣草-柑橘间作修复系统中砷的迁移转化机制研究 [D]. 成都：成都理工大学.

韩燕，2020. 氢化物发生原子荧光法测定莲藕及加工藕粉中的砷 [J]. 现代食品 (2)：166-168.

何海成，李青青，崔建平，等，2016. 水生植物对生活污水中铅、镉、砷富集能力的研究 [J]. 广东化工，43 (24)：37-40.

何健，2009. 三种蔬菜加工过程中铅、砷、镉、铬形态动态变化 [D]. 重庆：西南大学.

胡良，2019. 硒对土壤和萝卜中砷含量的调控及对砷生物可利用度的影响 [D]. 南昌：南昌大学.

姜志艳，王建英，任晓丽，2013. 不同作物对砷吸收累积特性分析 [J]. 南方农业学报，44 (5)：793-796.

李富荣，李敏，杜应琼，等，2018. 茄果类蔬菜对其产地土壤重金属的吸收富集与安全阈值研究 [J]. 农产品质量与安全 (1)：52-58.

裴艳艳，杨兰芳，麻成杰，等，2013. 土壤加砷对魔芋砷的含量、吸收与分布的影响 [J]. 湖北大学学报（自然科学版），35 (3)：277-282.

秦玉燕，2021. HPLC-ICP-MS 测定植物样品中 6 种砷形态化合物 [J]. 分析试验室，40 (2)：190-197.

滕崴，柳琪，李倩，等，2010. 重金属污染对农产品的危害与风险评估 [M]. 北京：北京工业出版社：54.

涂杰峰，刘兰英，伍云卿，等，2016. 福州市主栽蔬菜品种对砷的积累及健康风险 [J]. 环境工程学报，10 (11)：6761-6767.

王彩霞，程国霞，胡佳薇，等，2016. 陕西省新鲜果蔬中砷污染状况调查及其暴露评估 [J]. 中国食品卫生杂志，28 (5)：662-666.

王方园，杨倩，王娟，等，2020. 砷和汞对水芹毒性影响及其吸收富集效应 [J]. 浙江师范大学学报（自然科学版），43 (4)：430-437.

王京文，谢国雄，章明奎，2018. 大气沉降对萝卜地上和地下部分铅镉汞砷积累的影响 [J]. 土壤通报，49 (1)：184-190.

王琦，2020. 不同砷存在形态对生菜安全与品质的影响研究 [D]. 北京：中国农业科学院.

徐顺宝，1994. 叶面施肥新技术 [M]. 杭州：浙江科学技术出版社：7-11.

杨丽君，宋晓华，陈丽娟，等，2011. 高效液相色谱-电感耦合等离子体质谱法同时测定果蔬中 6 种砷形态 [J]. 分析试验室，30 (7)：62-66.

杨倩，王方园，申艳冰，2020. 砷、汞对植物毒性影响及其迁移富集效应探讨 [J]. 能源环境保护，34 (2)：87-91.

姚晶晶，彭立军，崔文文，等，2017. IC-ICP-MS 测定水果中的 5 种砷形态 [J]. 绿色科技 (20)：27-28.

姚秀娟，2009. 洛克沙肼和阿散酸对鸡肉组织、蔬菜、土壤中总砷残留规律的研究 [D]. 南京：南京农业大学.

张丹羽，2019. 液相色谱和等离子体质谱联用在莲藕和莲子中砷、汞和铅的同时形态分析的应用 [D]. 杭州：杭州师范大学.

张凤琳，姚顿，杨兆光，2020. 砷胁迫下砷在生菜中迁移转化过程及其对营养元素含量的影响 [J]. 安徽农学通报，26 (5)：18-21.

张静玉，牟涛，王宁，等，2018. LC-ICP-MS 法研究莲藕中砷的形态分布 [J]. 现代食品科技，34 (5)：

236-241.

张骞，曾希柏，白玲玉，等，2018. 应用水培方法筛选砷低吸收生菜的比较研究 [J]. 农业环境科学学报，37（4）：632-639.

赵梦醒，刘淇，江志刚，等，2013. 三种加工方式海带中砷形态和含量的比较 [J]. 食品与生物技术学报，32（5）：529-535.

朱明，杨宁线，蔡秋，等，2020. 贵州省辣椒制品加工过程中砷元素形态变化的研究 [J]. 食品与发酵工业，420（24）：228-231.

祖艳群，田相伟，吴伯志，等，2009. 磷肥对辣椒砷含量及有效性的影响 [J]. 湖北农业科学，48（11）：2702-2705.

祖艳群，吴炯，肖烨宇，等，2012. 氮素对砷胁迫条件下辣椒生长生理特性及砷含量的影响 [J]. 安徽农业科学，40（35）：16980-16982，16996.

Aurélie S，Julie V，Marie G，et al.，2019. Sodium arsenite effect on *Vitis vinifera* L. physiology [J]. Journal of Plant Physiology，238：72-79.

Devesa V，Macho M L，Jalón M，et al.，2001. Arsenic in cooked seafood products：Study on the effect of cooking on total and inorganic arsenic contents [J]. Journal of Agricultural and Food Chemistry，49（8）：4132-4140.

Devesa V，Martínez A，Súner M A，et al.，2001. Effect of cooking temperatures on chemical changes in species of organic arsenic in seafood [J]. Journal of Agricultural and Food Chemistry，49（5）：2272-2276.

Díaz O P，Leyton I，Muoz O，et al.，2004. Contribution of water，bread，and vegetables（raw and cooked）to dietary intake of inorganic arsenic in a rural village of Northern Chile [J]. Journal of Agricultural and Food Chemistry，52（6）：1773-1779.

Ersoy B，Yanar Y，Kücükgülmez A，et al.，2006. Effects of four cooking methods on the heavy metal concentrations of sea bass fillets（*Dicentrarchus labrax* Linne，1785）[J]. Food Chemistry，99（4）：748-751.

Li Y H，Qin Y L，Xu W H，et al.，2019. Differences of Cd uptake and expression of *MT* and *NRAMP2* genes in two varieties of ryegrasses [J]. Environmental Science and Pollution Research，26（1）：13738-13745.

Ma L，Yang Z，Kong Q，et al.，2017. Extraction and determination of arsenic species in leafy vegetables：Method development and application [J]. Food Chemistry，217：524-530.

Narukawa T，Iwai T，Chiba K，2018. Determination of inorganic arsenic in grape products using HPLC-ICP-MS [J]. Analytical Sciences，34（6）：687-691.

Perelloó G，Martií-Cid R，Llobet J M，et al.，2008. Effects of various cooking processes on the concentrations of arsenic，cadmium，mercury，and lead in foods [J]. Journal of Agricultural and Food Chemistry，56（23）：11262-11269.

第五章　水产品加工中砷的迁移与控制

第一节　水产品中砷的来源及富集

水产品含有丰富的人体必需氨基酸、优质蛋白、维生素、矿物质等，适当食用鱼类、贝类等水产品有益于身体健康，这些产品也是均衡膳食的重要组成部分。但由于人类活动和地质活动，地下水不断受到有毒金属的污染，有毒金属元素还可能在食用水产品中富集，对人体健康造成威胁。水产品中的砷暴露浓度因水体的动态变化、各地域地质情况以及生物种类的不同而具有显著差异。

一、甲壳类及鱼类中砷的来源及富集

影响甲壳类及鱼类中砷存在的非生物因素是人为污染，其次是地理位置。在西班牙南部塞维利亚的阿兹纳尔库拉尔受有毒矿渣泄漏影响地区捕获的克氏原螯虾中存在大量的砷，总砷含量范围在 1.2～8.5 μg/g（干重），其中无机砷的浓度为 0.34～5.4 μg/g（干重），有机砷中的砷甜菜碱不是主要的砷形态，含量约为 （0.16±0.09） μg/g（干重），另外还发现了少量的砷糖和两种未知形态的砷。总砷含量在生物两性之间没有显著差异，在溢漏区与未溢漏区之间存在显著差异，溢漏区总砷含量较高 (Devesa et al.，2002)。牡蛎是双壳类浅海底栖生物，它固着在水体沉积物的表面，其体内的重金属含量与周围海域的环境污染程度密切相关，因此被认为是一种能够比较真实地反映沿海环境污染状况的敏感指示生物。20 世纪 70 年代以来，世界上许多国家通过连续监测牡蛎软体中重金属的含量来评价沿海环境质量，并预测环境质量的变化趋势。研究者调查了孟加拉国的旅游胜地圣马丁岛附近海域的可食海洋生物中的重金属（铬、锰、铜、锌、砷、镉、铅、汞）污染情况，调查的海洋生物包括 6 大鱼类［长棘蝲（*Leiognathus fasciatus*）、羽鳃鲐（*Rastrelliger kanagurta*）、云斑海猪鱼（*Halichoeres nigrescens*）、楔雀鲷（*Pomacentrus cuneatus*）、肩环刺盖鱼（*Pomacanthus annularis*）和黑带棘鳞鱼（*Sargocentron rubrum*）］和 5 大甲壳类［苏式仿对虾（*Parapenaeopsis sculptilis*）、杂色龙虾（*Panulirus versicolor*）、中国毛虾（*Portunus sanguinolentus*）、钝齿短浆蟹（*Thalamita crenata*）和胜利黎明蟹（*Matuta victor*）］，其中只有 3 种鱼类（*R. kanagurata*、*H. nigresceus* 和 *S. rubrum*）和 1 种甲壳类（*P. sculptilis*）的重金属含量未超过相关法规的最高限量 (Mohammad et al.，2018)。

二、藻类中砷的来源及富集

藻类是一类真核生物（有些也为原核生物，如蓝藻门的藻类），藻类是海洋生物资源的重要组成部分，是维系整个海洋生命系统的基础，藻类吸收二氧化碳和海水中的无机元

素进行光合作用，产生大量的有机物质和氧气，还善于吸附、浓缩海水中的营养物质。我国是世界上藻类的生产、消费和出口大国，藻类资源在国民经济和人民生活中占有重要的地位。海带、紫菜、裙带菜等是我国主要的经济藻类。目前我国海带、裙带菜产量居世界第一位，紫菜产量仅次于日本，而且产量还在逐年增加。

我国藻类资源主要分为活性藻类和非活性藻类。在活性藻类中，重金属离子通过代谢途径透过细胞膜，进入细胞内富集，然后以各种形式与细胞胞内有机物结合储藏在细胞质或细胞器中（毛亮等，2011）。活性藻类细胞受环境影响较大，高浓度的重金属离子不利于藻类细胞的生长，甚至对其产生毒害作用。非活性藻类与活性藻类相比有更多的优点：它不需生长能源和不受环境条件的影响。大多数研究表明，非活性藻类对重金属具有较好的富集能力，有的甚至高于活性藻类。目前普遍认为非活性藻类细胞主要通过表面络合、离子交换、物理吸附、氧化还原及微沉淀等方式吸附重金属离子（宋凯等，2017）。

藻类的细胞壁是由纤维素、果胶质和聚半乳糖硫酸酯等多层微纤维组成的多孔结构，同时，细胞壁上还存在蛋白质、多糖、磷脂等多聚复合体，这些多聚复合体携带着大量含有氮、氧、磷、硫等且可以与金属离子结合的官能团。这些官能团能排列在具有较大表面积的藻类细胞壁上，与金属离子充分接触，有的可以失去质子而带负电荷，通过静电引力吸附金属离子；有的带孤对电子，可与金属离子形成配位键而络合吸附金属离子（高继庆等，2008）。同时，细胞壁还带有一定电荷和黏性，更增加了其对金属离子的吸附能力。在所有官能团中，多糖提供的羧基是最重要的官能团，海藻类中存在的大量羧基和硫酸基是吸附金属离子的主要结合键，其他如巯基、氨基等基团可能也有一定的吸附功能（常秀莲等，2003）。藻类细胞壁表面的活性基团对藻类的吸附性能起主要作用，这些结构决定了藻类可富集金属离子。此外，由于海藻的细胞膜是具有高度选择性的半透膜，对高价离子砷的富集效果较显著。有资料显示，海藻的砷富集系数可达 $350 \sim 71\,000$，海藻含砷量随海藻种类、水体环境条件、生长期及海水污染状况等因素而变化，砷富集系数在 $50 \sim 47\,500$。俚岛和崮山地区海带总砷的富集系数分别高达 $1\,787$ 和 $1\,544$。这些因素都导致藻类食品中砷含量高于其他海产品和陆生蔬菜。

藻类对重金属的吸附是一个复杂的过程，其过程的发生和吸附量的大小受到多种因素的影响，这些因素包括：pH、温度、吸附时间、共存离子、藻类的种类与投入量等。

常见的紫菜、海带、龙须菜和裙带菜等藻类中富含碘、维生素、蛋白质、碳水化合物等多种营养成分，以及类胡萝卜素、多糖、不饱和脂肪酸等生理活性物质，与人的生理活动有着密切的联系。但是海藻具有富集海水中砷元素的特性，海洋性生物通常是含有较高水平砷的基体（周瑛等，2007），虽然海水中的砷含量很低，总砷含量为 $1.0 \sim 2.0\ \mu g/L$，但是海藻从海水中吸收砷，并转化为有机砷化合物，使总砷含量达到 $12 \sim 108\ mg/kg$（以干重计）（李俊，2005）。

近年来，工业污染等原因造成了近海海域的砷污染，使得海产品的砷含量处于较高的水平，特别是藻类产品（如紫菜和海带等），为了正确评价藻类食品（如紫菜和海带等）的毒性，保证其安全消费，我国现行的食品安全国家标准《食品安全国家标准　食品中污染物限量》（GB 2762—2017）中规定添加藻类的产品中无机砷限量为 $0.3\ mg/kg$，这项标准自实施以来保障了藻类的食用安全性，并且在一定程度上促进了我国藻类加工业的发展。

第二节　水产品中砷的形态及分布

一、甲壳类及鱼类中砷的形态及分布

砷通常以五价砷［As（Ⅴ）或砷酸盐］或者三价砷［As（Ⅲ）或亚砷酸盐］的形式存在，既有无机形式也有有机形式。在水中，砷通常以无机形式出现［As（Ⅲ）、As（Ⅴ）或两者的结合］。

在水生生物中，砷甜菜碱和不同的砷糖等有机砷是砷的主要的化学形式，而在陆地生物中，无机砷［As（Ⅲ）和As（Ⅴ）］和甲基砷（MMA、DMA）是砷的主要形态（EFSA，2014）。有资料显示，在未受污染地区，海洋或河口鱼类中的无机砷含量不超过总砷的 7.3%，贝类的无机砷含量为总砷的 25%，当然，在受污染地区的生物体和藻类中无机砷含量可能更高。经调查，美国淡水鱼的无机砷一般低于总砷的 10%，最高含量接近总砷的 30%（Lorenzana et al.，2009），表明总体而言水产品中毒性较强的无机砷在总砷中的占比不高。Liao 等（2020）从我国广东市场采集的生海鲜样品中均检测到无机砷，但无机砷含量在总砷含量中的占比很低，生蟹类每克可食肌肉的砷含量最高达 35.3 μg，其中每克可食肌肉的无机砷的平均含量≤0.006 6 μg。Guimarães 等（2018）对位于纽约州北部的华人社区的干虾进行了砷暴露的调查，研究采用便携式 X 射线荧光（XRF）设备检测砷含量范围为 5～30 $\mu g/g$，通过 LC-ICP-MS/MS 进一步分析砷形态，>95% 的砷主要以无毒的砷甜菜碱的形式存在，同时检测到微量的砷胆碱、甲基化的砷和无机砷。Guimarães 等（2018）对位于纽约州北部的华人社区的一种毛虾属的干虾（*Acetes* sp.）进行了砷暴露的调查，研究采用便携式 X 射线荧光（XRF）设备检测到砷的含量范围为 5～30 $\mu g/g$，通过 LC-ICP-MS/MS 方法进一步分析了砷的形态，>95% 的砷以无毒的砷甜菜碱形式存在，同时检测到了微量的砷胆碱、甲基化砷和无机砷。

影响甲壳类及鱼类砷存在的关键因素包括它们的饮食习惯、栖息地、代谢能力、生物体的生理活动以及栖息地和食物中的砷水平等。对于贝类生物，由于贝壳的主体结构由平行或交错排列的角柱状方解石组成，多呈片状或条状，内部孔隙较大，孔的连通性较好，这种结构有利于减小流体在孔内的扩散阻力，流体很容易沿着条形的通道扩散到片层结构的表面，并且很容易渗透到薄层的内部。贝壳的这一特殊结构使它满足吸附剂的基本要求，因而对砷有吸附性能。而牡蛎软体对砷也有积累作用。Rajendran 等（2020）通过研究 3 种商业甲壳类动物［红星梭子蟹（*Portunus sanguinolentus*）、善泳鲟（*Charybdis natator*）和短沟对虾（*Penaeus semisulcatus*）］和 3 种头足类动物［（枪鱿 *Doryteuthis sibogae*）、虎斑乌贼（*Sepia pharaonis*）和小孔蛸（*Cistopus indicus*）］的组织（肌肉、鳃和消化腺）中砷的浓度，发现甲壳类动物和头足类动物的可食用部分含有的砷元素浓度较低，低于欧盟的允许限度，但鱼类消化腺中的砷含量较高，为 16.5 $\mu g/g$，供人类食用后可能会有毒性作用。干虾的同步辐射（SR-μXRF）图像显示虾头胸部和各腹部节段都有局部砷积累（Guimarães et al.，2018）。

二、藻类中砷的形态及分布

（一） 藻类中砷的形态

砷的毒性不仅和砷的含量有关，还与其存在的化学形态密切相关（范晓等，1997）。

海洋藻类植物在吸收和富集了环境中的无机砷后，会对自然界的无机砷进行甲基化反应，甲基化反应生成的甲基砷化合物使砷的毒性降低，进而甲基砷又与脂质糖类结合，生成更为复杂的有机化合物，使毒性进一步降低。目前在海洋藻类中发现了至少 15 种砷糖，砷糖共有的特征结构是带有一个二甲基砷取代基的戊糖。砷还可代替磷脂中的磷形成砷脂，砷脂既有着与磷脂相同的生物学功能，又可以增强蛋白质以及脂肪的代谢吸收（于卓然，2018）。因此，在海藻类生物中，砷也以有机态砷为主，占总砷含量的 80% 以上（张文德，2007），主要为低毒甚至无毒的砷糖、砷脂类化合物等大分子有机砷（高继庆等，2008）。

砷糖是一类含砷的碳水化合物，其中二甲基或三甲基化砷被合并到含有甘油、磷酸盐、硫酸盐或磺酸盐的核呋喃苷中。最初这些化合物被鉴定为海藻的水溶性成分。砷糖形成的途径尚未被完全阐明，但砷糖的形成与将无机砷转化为甲基化物质的代谢过程有关（García et al.，2012）。藻类形成砷糖依赖于大型藻类与共生微生物之间的相互作用。脂溶性砷早已被发现存在于藻类的脂质提取物中。早期的研究发现，海洋生物的砷含量大约为 $1 \sim 50~\mu g/g$，而脂溶性砷占 30%。海洋硅藻对砷酸盐的暴露与砷磷脂的形成有关。在羽状海洋藻类中，砷脂类物质约占所有砷的四分之一。一些藻类物种（如糖海带）同时含有含砷糖的磷脂、含砷的碳氢化合物和含砷的脂肪酸。通过高分辨率质谱，高效液相色谱-质谱和气相色谱-质谱法，在裙带菜和羊栖菜（*Hizikia fusiformis*）中已鉴定并定量了 14 种砷脂，包括 11 种新化合物。两种藻类都含有砷糖糖脂作为砷脂的主要类型，砷碳氢化合物也是重要的成分（García et al.，2012）。虽然有机砷在海藻类生物中毒性较小且所占比例较大，但无机砷与有机砷之间的转化机制目前尚不明晰，藻类食品中的砷暴露问题也不能被忽视。

对我国沿海主要海藻品种中的砷形态进行了检测分析，发现无机砷［As（Ⅲ）、As（Ⅴ）］含量占总砷的比例很小，低毒的小分子有机砷所占比例也很小，绝大部分为大分子有机砷，其中海带、紫菜、裙带菜中无机砷占总砷的比例范围为 0.85% ~ 2.59%，平均为 1.75%，只有碱蓬中无机砷所占比例较高，为 13.25%，但是碱蓬中总砷含量比海带、紫菜、裙带菜中低数十倍，其无机砷含量也不高，仅有 0.102 mg/kg（以干基计），在海藻样品中，碱蓬中总砷的含量最低，仅为 0.77mg/kg（高继庆，2008）。而对三大经济海藻（褐藻、红藻和绿藻）的砷含量的研究结果显示，无机砷一般占总砷的 10% 左右，但褐藻中的马尾藻科例外，马尾藻的无机砷占总砷的比例普遍高于 20%，其中羊栖菜的无机砷占总砷含量的 50% 以上，表明马尾藻科累积无机砷的能力高于其他海藻。（刘镇宗，1995；Edmonds et al.，1993；孙飙等，1998）。鉴于马尾藻中较高的无机砷比例，在进行资源开发时，应考虑降低无机砷含量。

（二）藻类中砷的分布

海产品对砷的富集量会随海水和沉积物污染的加重而增加，沉积物中的砷对海水中的砷浓度产生了影响，从而间接影响了藻类的砷含量。对青岛的两个海带品种的研究结果显示，两种海带总砷平均含量都在 5.00 mg/kg 以上，无机砷含量平均为 0.59 mg/kg；荣成的两个品种中总含量平均不到 5.00 mg/kg，无机砷的平均含量也低于青岛的两个品种（姜桥，2006）。从中也可以看出，荣成的两个样品中根部砷的含量较高，而中部与尖部砷的含量较低，而且海带中砷含量的平均水平低于青岛的两个样品。这与不同海带品种对砷的富集能力不同以及不同海域中砷的背景值不同有关。海带体内的砷含量也随海带的生长周期发生变化，一般从生长初期到成熟期砷含量快速增加，在成熟期达到最高值，在衰老阶段砷含量略有下降。

一般情况下，藻体与海水接触的时间越长，体内累积的砷就越多。但藻类中的砷并不是均匀地分布于各个器官的，而是呈现出较大的分布差异。从藻类的部位来看，从叶部到茎部，砷存在于藻类的各个部位。但一般来说，叶部砷含量高于茎部（郭莹莹，2008），相对于中间部位，边缘部分的软组织更容易蓄积砷。由于海带具有筛管组织，能够将顶部和中部叶片吸收的砷输送到叶片根部储存起来。因此海带根部的含砷量普遍高于顶部叶片，嫩海带对砷的积累明显低于老海带，生长期长的部位（如根部）砷富集量明显高于生长期短的部位（如叶片）。总体而言，海带中砷的分布状态为：根部、中部、尖部的砷含量依次降低，海带的中髓部砷含量低于边缘部分，根部与尖部的砷含量比例在（3.0～2.0）：1 的范围内，无机砷与总砷的含量比例约为 1：10（姜桥，2006；聂新华等，2013）。

对条斑紫菜中砷的亚细胞分布的研究发现，胞液是条斑紫菜聚集砷的最主要部位（尚德荣等，2013）。富集在藻体中的砷有 80％ 分布在胞液中，在胞液组分中分布有如此高量的砷，说明胞液是条斑紫菜对砷进行富集和解毒的关键部位。条斑紫菜的细胞壁具有一定的固持砷的能力：有约 15％ 的砷赋存于其中，对砷的亚细胞分布研究有助于确定砷对条斑紫菜细胞活动的影响及其生物化学作用。

第三节　水产品加工中砷的控制

一、甲壳类及鱼类加工过程中砷的控制

目前已有研究涉及不同的食品中重金属在烹饪过程中的变化，包括海鲜、海藻、水果、蔬菜和稻米等。一些研究报告指出，烹饪后食物中的重金属浓度降低，而另有一些研究则发现烹饪重后金属浓度有所增加或者无变化。通常情况下，食品中的污染物含量在烹饪后的变化情况取决于烹饪条件（时间、温度和烹饪的工具）。

Perelló 等（2008）研究了西班牙人常用的烹饪方法对各种食品中重金属（汞、砷、镉和铅）的影响，他们发现，肉类中的重金属浓度在烹饪后降低，尤其是镉；但是不同的烹饪方法对于重金属浓度的影响又不一样，如水煮能显著降低蔬菜（大豆和马铃薯）中砷的浓度，而油炸却未能降低蔬菜中砷的浓度，油炸和烘焙可以减少鱼体内汞的含量。Cheyns 等（2017）分析了不同食品（包括软体动物）中总砷和不同形态的砷的浓度，结果显示经过普通的烹饪处理后（如煮沸、蒸和油炸），总砷的水平和各形态的砷的含量有所下降，这是由于在水煮、蒸、油炸或浸泡的过程中，食品中的砷会被释放到残留液中，平均来说，总砷浓度下降了 57％，无机砷和砷甜菜碱含量则分别降低了 65％ 和 32％。

不同形态的重金属的毒性可能千差万别，因此对于烹饪过程中不同形态的重金属的行为也已有研究。Devesa 等（2001a）对含砷溶液进行了加热处理，研究了不同温度条件下砷形态的变化情况，结果表明砷甜菜碱会在 150 ℃被分解成三甲基氧化砷（TMAO），在 160 ℃或更高温度条件下会被分解成 TMAO 和三甲基胂（TMA$^+$）。随后，Devesa 等（2001b）验证了烹饪（烘烤、油炸、烧烤方式）温度对海鲜（鳎目鱼、海鲂鱼、鳕鱼和金枪鱼）中有机砷（砷甜菜碱、TMA$^+$ 和 TMAO）的化学变化的影响，结果显示，在烹饪后的所有海鲜中均能检测到 TMA$^+$，他们认为可能是加热使得砷甜菜碱发生脱羧作用生成了 TMA$^+$。除此之外，辅食也可能影响食品中砷的生物有效性。Clemente 等（2017）采用静态的模拟胃肠道消化试验装置进行了含砷的溶液或者食品中砷的生物可及性试验，研究了 35 种化合物对砷的生物可给性的影响，结果表明，Fe（Ⅱ）和 Fe（Ⅲ）降低了水溶液中砷的溶解度，对无机砷和 DMA（V）分别降低了 86％和 40％～66％；水稻和海藻中的砷生物可及性也有所降低，分别降低 100％和 60％；其他化合物，如铝、钛和鞣酸也能在一定程度上降低食物中砷的生物可及性（42％～70％）。但是目前关于辅食降低食品中砷的生物可及性的研究仍然较少。

二、藻类生产加工过程中砷的控制

（一） 生长过程对藻类中砷的控制

青岛沿海鼠尾藻和海黍子的总砷含量在生长初期最低，成熟期增至最高，生长期结束时砷含量有所下降，无机砷占总砷的比例也表现出类似的季节变化，说明藻体砷含量与其生长周期有着密切联系。孙飚等（1998）发现鼠尾藻和海黍子的总砷含量在 3 月生长初期最低，后逐渐升高，到 6—7 月成熟期达到最高，分别为 16.138 $\mu g/L$ 和 16.847 $\mu g/L$（鲜藻重），至 8 月生长结束时，仍维持在较高水平。无机砷含量初期较低，至生长旺季最高，分别为 4.014 $\mu g/L$ 和 3.225 $\mu g/L$（鲜藻重）；且无机砷占总砷的比例也在初期较低，至生长旺季和成熟期达到高峰。可见藻体砷含量表现出明显的季节变化。在生长期的最初阶段，砷含量最低，随着海藻的生长，不断从海水中摄入砷，参与藻体内的有关代谢和循环，藻体内总砷以及游离三价砷和五价砷的含量也随之不断增加，至成熟期达到最高值。随后进入衰老阶段，代谢能力降低，至生长期结束时，砷含量比成熟期有所下降。

（二）加工对藻类中砷的控制

在直接食用或加工藻类时进行漂洗或水洗，可以减少砷的摄入。Hanaoka 等（2001）的研究表明在烹饪之前，用水浸泡和清洗海藻，海藻中砷的含量可能会降低 60％。而将水温提高到 60 ℃则有利于去除海藻中的砷，他们认为热处理加速了食物中砷向水中的溶解，建议在进一步烹饪之前先把海藻煮熟，以去除砷。Ichikawa 等（2006）也介绍了浸泡和烹饪可作为去除可食用褐藻中砷的有效方法，在浸泡之后砷的总含量减少了 28.2％～58.8％，而在烹饪后减少了 88.7％～91.5％。另外，在 Laparra 等的研究中，由于砷在烹饪水中的溶解性，高继庆（2008）研究了水煮以及浸泡过程对海藻中无机砷及总砷含量的影响，发现 70 ℃水浴与 80 ℃、90 ℃水浴对无机砷的去除率相差较大，而 80 ℃、90 ℃水浴条件下无机砷的去除规律变化较小，90 ℃水浴 15 min 即可去除 92.67％的无机砷；而温度对总砷的影响则相对较小，温度高于 70 ℃时，水浴时间对总砷的影响比对无机砷的影响大，但只要时间上能满足 15 min 以上，总砷的去除率就能达到 50％以上，无机砷的去除率也能达到 60％以上，20 ℃条件下的水浸泡试验表明浸泡 6 h 以上，无机砷的去除率达到 54.74％，总砷的去除率也达到 53.92％。裙带菜中 28.2％～58.8％的总砷也可水洗去除（汪光等，2014）。赵梦醒等（2013）采用 ICP-MS 方法对不同加工方式的海带进行总砷的测定，直接干燥海带、漂烫海带和漂烫-盐渍-水洗海带的总砷含量分别为 47.23 mg/kg、42.91 mg/kg 和 25.62 mg/kg；与直接干燥海带相比，漂烫后海带总砷含量下降了 9.15％；漂烫-盐渍-水洗海带总砷含量下降了 45.75％。通过对海带加工过程中砷形态和含量的比较，直接干燥海带和漂烫海带中含有砷胆碱、砷甜菜碱、二甲基砷和少量五价无机砷；漂烫-盐渍-水洗海带中含有砷胆碱、二甲基砷、少量一甲基砷和五价无机砷；3 种不同加工方式的海带中均含有 3 种砷糖化合物，其质量约占总砷质量的 95％以上，无机砷所占比例小于总砷质量的 1％。随着漂烫或盐渍水洗次数的增加，海带中总砷含量下降，且 3 种砷糖化合物对总砷含量的降低起主要作用。

高温水浴及常温浸泡能去除海藻中的砷和无机砷，温度和时间对去除率有一定影响。而探究其机理，生海藻和熟海藻（100 ℃条件下烤熟）中的 DMA（二甲基砷酸）浓度没有显著变化，表明砷糖在 100 ℃条件下具有一定的化学稳定性。紫菜在 150 ℃烹调时，砷形态基本上不会变化，在 150～250 ℃烘烤时，紫菜中的 DMA、MMA（一甲基砷酸）以及 As（Ⅴ）的浓度明显升高，且随着温度的升高，砷糖越来越不稳定，当达到 250 ℃时，紫菜中的砷糖完全被降解，砷的主要形态变为 As（Ⅴ）（>50％）和 As（Ⅲ）（33％）。因此达到一定的烘烤温度时，紫菜中的砷糖能分解为 DMA、MMA 及无机砷，温度越高分解越彻底。

有研究表明在油炸处理中，随着油炸温度的升高和油炸时间的延长，条斑紫菜的总砷含量降低，但一甲基砷（MMA）、二甲基砷（DMA）、无机砷的含量变化趋势复杂。经微波处理的条斑紫菜，随着微波强度的增加，总砷、二甲基砷（DMA）、无机砷的含量呈现较明显的升高趋势，且二甲基砷（DMA）的含量明显高于一甲基砷（MMA）。烘烤条件下，除 250 ℃外，其他温度烘烤的海带和紫菜的总砷含量均增加，二甲基砷酸（DMA）、一甲基砷酸（MMA）、无机砷含量随温度的升高而增加，到 250 ℃时最多增加近 3 倍，对食用安全性有一定影响。

除了研究加工后藻类中砷的含量，还需要研究藻类中砷的生物有效性。生物有效性是指被人体吸收后进入血液或淋巴组织内的污染物含量或者其与摄入总量的比例。一项对人体志愿者的研究表明，MMA（甲基砷酸）和 DMA（二甲基砷酸）很容易被胃肠道吸收，4d 后约有 75％通过尿液排出（Buchet et al.，1981）。在另一项人体研究中发现，砷糖几乎被完全吸收（>80％），这可能存在相当大的个体间差异（Raml et al.，2009）。对两名志愿者进行的砷脂代谢研究结果表明，砷脂易被吸收并转化为水溶性的砷，90％在 66 h 内随尿排出（Schmeisser et al.，2006）。在海产品中，总砷、AsB（砷甜菜碱）和 AsC（胆碱）的吸收随着脂肪含量的增加而减少，但似乎不受蛋白质含量的影响（Moreda-Pineiro et al.，2011；Molin et al.，2012）。因此有学者通过体外肠胃模拟加上透析膜的方法发现，烹调（煮熟）后海带、裙带菜、紫菜中总砷的生物有效性没有明显变化；但是烹调（煮熟）后海莴苣中总砷的生物有效性从 17％下降到了 7.4％（García-Sartal et al.，

2011)。

在日常生活中，为了降低藻类中砷的含量，我们可以通过简单的水浴去除海藻中大部分总砷和无机砷，90 ℃水浴 15 min 就可以去除 90％以上的无机砷，即使常温水浸泡 6 h 以上，也是可以去除 50％以上的总砷和无机砷的。因此提出人们食用海藻前的合理除砷方法：①先用清水清洗，再用 90 ℃水煮 15 min 以上。②先用清水清洗，再用清水浸泡 6 h，换水，浸泡过夜。通过这两种方法除砷以后，人们就可以放心食用这一种类健康美味的海藻类食品了，这也是从来未发生因食用藻类食品而使人中毒死亡事件的主要原因，因为人们食用藻类食品前，大部分都会进行水泡处理的。

主 要 参 考 文 献

常秀莲，王文华，冯咏梅，2003. 海藻吸附重金属离子的研究 [J]. 海洋通报 (2)：39-44.

范晓，孙飚，1997. 海藻中砷的化学形态及代谢机制 [J]. 海洋科学 (3)：30-33.

高继庆，2008. 海藻中形态砷的分析及受加工工艺影响的研究 [D]. 青岛：中国海洋大学.

郭莹莹，2008. 海藻中砷化合物检测技术研究及食用安全性评价 [D]. 青岛：中国海洋大学.

姜桥，2006. 海藻中砷的分布与去除研究 [D]. 沈阳：沈阳农业大学.

李俊，2005. 海藻中砷的含量和形态分析及砷在小鼠体内的代谢研究 [D]. 杭州：浙江大学.

廖文，2019. 砷和汞生物可给性及形态变化研究 [D]. 北京：中国科学院大学.

刘桂华，汪丽，2002. HPLC-ICP-MS 在紫菜中砷形态分析的应用 [J]. 分析测试学报 (4)：88-90.

刘镇宗，1995. 砷与生态环境的关系 [J]. 科学月刊 (26)：134-140.

毛亮，靳治国，高扬，等，2011. 微生物对龙葵的生理活性和吸收重金属的影响 [J]. 农业环境科学学报，30 (1)：29-36.

聂新华，张学超，刘缵延，2013. 海带中砷的分布特征及富集规律研究 [J]. 农业环境与发展，30 (4)：58-61.

尚德荣，张继红，赵艳芳，等，2013. 条斑紫菜中砷的亚细胞分布及其解毒机制的研究 [J]. 分析化学，41 (11)：1647-1652.

宋德宏，2007. 大连近岸海域贝壳与海水重金属含量的相关性研究 [D]. 大连：大连海事大学.

宋凯，陈星洁，李子孟，2017. 藻类作为重金属生物吸附剂的研究进展 [J]. 山东化工，46 (21)：199-201.

孙飚，范晓，1996. 海藻中砷的含量分布特征 [J]. 海洋科学 (5)：24-27.

孙飚，范晓，韩丽君，等，1998. 我国马尾藻中砷的化学形态及其季节变化 [J]. 海洋与湖沼 (3)：287-292.

汪光，李开明，吕永龙，等，2013. 食品烹调处理过程中砷的浓度、形态和生物可给性研究进展 [J]. 生态毒理学报，8 (2)：132-137.

徐磊，2009. 人摄入海产品中的砷与饮水中的无机砷尿砷代谢产物的比较 [D]. 沈阳：中国医科大学.

于卓然，2018. 液相色谱与氢化物发生原子荧光光谱联用分析海洋藻类中砷的形态 [D]. 上海：上海师范大学.

张文德，2007. 海产品中砷的形态分析现状 [J]. 中国食品卫生杂志，19 (4)：345-350.

赵梦醒，刘淇，江志刚，等，2013. 三种加工方式海带中砷形态和含量的比较 [J]. 食品与生物技术学报，32 (5)：529-535.

周瑛，叶丽，竹鑫平，2007. HPLC-ICP-MS 在食品中硒和砷形态分析及其生物有效性研究中的应用 [J]. 化学进展 (6)：982-995.

Almela C，Laparra J M，Vélez D，et al.，2005. Arsenosugars in raw and cooked edible seaweed：characterization and bioaccessibility [J]. Journal of Agricultural and Food Chemistry，53（18）：7344-7351.

Buchet J P，Lauwerys R，Roels H，1981. Comparison of the urinary excretion of arsenicmetabolites after a single oral dose of sodium arsenite，monomethylarsonate，or dimethylarsinate in man [J]. International Archives of Occupational and Environmental Health，48：71-79.

Cheyns K，Waegeneers N，Van D W T，et al.，2017. Arsenic release from foodstuffs upon food preparation [J]. Journal of Agricultural and Food Chemistry，65（11），2443-2453.

Clemente M J，Devesa V，Velez D，2017. In vitro reduction of arsenic bioavailability using dietary strategies [J]. Journal of Agricultural and Food Chemistry，65（19）：3956-3964.

Devesa V，Súñer M A，2002. Determination of arsenic species in a freshwater crustacean Procambarus clarkii [J]. Applied Organometallic Chemistry，16：123-132.

Edmonds J S，Francesconi K A，1993. Arsenic in seafoods：Human health aspects and regulations [J]. Marine Pollution Bulletin，26（12）：665-674.

García-Salgado S，Raber G，Raml R，2012. Arsenosugar phospholipids and arsenic hydrocarbons in two species of brown macroalgae [J]. Environmental Chemistry，9（1）：63.

García-Sartal C，Romarís-Hortas V，Barciela-Alonso M D C，et al.，2011. Use of an in vitro digestion method to evaluate the bioaccessibility of arsenic in edible seaweed by inductively coupled plasma-mass spectrometry [J]. Microchemical Journal，98（1）：91-96.

Gemma Williams，Jan M W，Iris K，et al.，2009. Arsenic speciation in the freshwater crayfish，Cherax destructor Clark [J]. Science of The Total Environment，407（8）：2650-2658.

Guimarães D，Roberts A A，Tehrani M W，et al.，2018. Characterization of arsenic in dried baby shrimp (*Acetes* sp.) using synchrotron-based X-ray spectrometry and LC coupled to ICP-MS/MS [J]. Journal of Analytical Atomic Spectrometry，33（10）：1616-1630.

Hanaoka K，Yosida K，Tamano M，et al.，2001. Arsenic in the prepared edible brown alga hijiki，*Hizikia fusiforme* [J]. Applied Organometallic Chemistry，15（6）：561-565.

Ichikawa S，Kamoshida M，Hanaoka K，et al.，2006. Decrease of arsenic in edible brown algae hijikia fusiforme by the cooking process [J]. Applied Organometallic Chemistry，20：585-590.

Laparra J M，Vélez D，Montoro R，et al.，2004. Bioaccessibility of inorganic arsenic species in raw and cooked *Hizikia fusiforme* seaweed [J]. Applied Organometallic Chemistry，18（12）：662-669.

Liao W，Zhao W，Wu Y，et al.，2020. Multiple metal（loid）s bioaccessibility from cooked seafood and health risk assessment [J]. Environmental Geochemistry and Health，42：4037-4050.

Lorenzana R M，Yeow A Y，Colman J T，et al.，2009. Arsenic in Seafood：Speciation issues for human health risk assessment [J]. Human and Ecological Risk Assessment：An International Journal，15（1）：185-200.

Mohammad A B，Md M H，Jhuma A，et al.，2018. Concentration of heavy metals in seafood（fishes，shrimp，lobster and crabs）and human health assessment in Saint Martin Island，Bangladesh [J]. Ecotoxicology and Environmental Safety，159：153-163.

Molin M，Ulven S，Dahl L，Telle-Hansen V，et al.，2012. Humans seem to produce arsenobetaine and dimethylarsinate after a bolusdose of seafood [J]. Environmental Research，112：28-39.

Moreda-Pineiro J，Alonso-Rodríguez E，Romarís-Hortas V，et al.，2011. Assessment of the bioavailability of toxic and non-toxic arsenic species inseafood samples [J]. Food Chemistry，130：

552-560.

Perelló G，Martií-Cid R，Llobet J M，et al.，2008. Effects of various cooking processes on the concentrations of arsenic，cadmium，mercury，and lead in foods [J]. Journal of Agricultural and Food Chemistry，56 (23)：11262-11269.

Raissy M，Ansari M，Rahimi E，2011. Mercury，arsenic，cadmium and lead in lobster (*Panulirus homarus*) from the Persian Gulf [J]. Toxicology and Industrial Health，27 (7)：655-659.

Rajendran S，Geevaretnam J，Robinson J S，et al.，2020. Concentrations of trace elements in the organs of commercially exploited crustaceans and cephalopods caught in the waters of Thoothukudi，South India [J]. Marine Pollution Bulletin，154：111045.

Raml R，Raber G，Rumpler A，et al.，2009. Individual variability in the human metabolism of an arsenic-containingcarbohydrate，2，3-dihydroxypropyl 5-deoxy-5-dimethylarsinoyl-beta-d-riboside，a naturally occurring arsenical in seafood [J]. Chemical Research in Toxicology，22：1534-1540.

Schmeisser E，Goessler W，Francesconi K A，2006. Human metabolism of arsenolipidspresent in cod liver [J]. Analytical and Bioanalytical Chemistry，385：367-376.

第六章　中草药生产加工中砷的迁移与控制

第一节　中草药中砷的来源及富集

中药以植物药（如根、茎、叶、果等）、动物药（如内脏、皮、骨、器官等）及矿物药三大分支为主，其中植物药占中药的比例较大，因此中药又称中草药。

一、中草药中砷的来源

目前中草药中砷的来源主要为土壤、工业污染、施肥、仓储运输过程和加工炮制过程等。

(一)土壤

土壤能提供植物生长所需的矿质营养和有机营养，是中草药生产最基本的条件。重金属是地壳的组成元素，随自然条件的作用及人类的生产活动在土壤圈层内广泛分布。因此，中草药中重金属的含量与地质背景有密切的关系。一般来说，土壤中重金属元素的多少，在药用植物中都有所表现。例如：砷是文山三七种植区土壤污染最大的影响因素，土壤中砷的污染分担率为52%，综合污染指数为0.67，已接近警戒线。此种植区土壤砷浓度过高的原因是文山是富砷地区，在不少三七种植区域砷的土壤背景含量较高，并且文山矿产资源比较丰富，矿业活动尤其是与砷有关的矿业活动很多，致使周边大面积土壤遭受砷的污染。

(二)工业污染

工业三废对中草药的污染表现为直接污染和间接污染。如各类工业污染排放的废气及含砷元素的烟尘沉降到药用植物上，通过叶面主动或被动吸收，造成直接污染。而含有砷元素的废水、废渣、废气通过灌溉等途径进入农田，造成土壤砷元素富集，进而通过主动或被动吸收进入药用植物则为间接污染。

(三)施肥

农业生产中化学肥料发挥着重要作用，在药用植物栽培中亦然，而化学肥料由于矿源复杂，往往混有有害元素，如磷肥中可能含有砷、镉、铀等元素，如果长期大量施用，无疑会使重金属元素在土壤中积累，从而导致中草药遭受重金属污染。此外，也可能出现违规使用含砷农药的情况，导致中草药被砷污染。

(四)仓储运输过程

在中草药采收后的仓储、运输过程中，由于多数农户及经营者的储运条件落后，为防止霉变、鼠害及虫害，往往使用各种熏蒸剂进行处理，违规使用含砷熏蒸剂必然向中草药中引入外源砷。此外，曾用于其他用途的容器及运输工具在中草药存放、运输过程的使用也可能是砷的来源之一。

（五）加工炮制过程

炮制是中药特有的技术工艺，是中草药由原药成为可供服用饮片的重要生产环节。在中药的加工、炮制过程中，使用的含砷辅料、容器，甚至是含砷的原料水，也可能造成中药的外源砷污染。

可见，在中草药从田间生产经采收、运输、仓储，再到加工、炮制直至成为药店中供人们购买、服用的成品饮片的复杂过程中，有很多因素会影响其砷含量。对中草药砷的质控应贯穿种植、储藏、运输、炮制加工等全过程。

二、中草药中砷的富集

砷从土壤进入植物体的过程与植物本身的遗传特性、主动吸收能力和对砷元素的富集能力有关。植物具有多种砷的转运和累积机制。由于砷的危害性，普通植物会尽量抑制砷的吸收或避免其向地上部转运。对于大多数普通植物而言，砷主要分布在根部，地上部的砷浓度较低。侯文焕等（2020）研究发现选定的 4 个黄麻品种对砷的富集系数和转运系数存在差异，地下部的富集系数高于地上部，但均小于 1。苗期"福农 4 号"地下部的富集系数显著大于"桂麻菜 2 号"；开花期"福农 1 号"地下部的富集系数显著大于"桂麻菜 2 号"和"福农 4 号"，成熟期"桂麻菜 2 号"地下部和地上部的富集系数分别为 0.185 和 0.018，显著大于其他品种，由此可见根部为黄麻富集砷的主要部位。黄麻苗期的转运系数均高于开花期和成熟期，但均小于 1。"桂麻菜 2 号"苗期的转运系数最高为 0.405，显著高于"福农 4 号"，"桂麻菜 2 号"开花期的转运系数为 0.157，显著高于其他品种，"桂麻菜 1 号"成熟期的转运系数最高为 0.173，显著高于"桂麻菜 2 号"和"福农 4 号"，由此可见"桂麻菜 1 号"和"桂麻菜 2 号"运送砷的能力较强。随着生育期的变化黄麻植株内砷的累积量逐渐升高，即成熟期＞开花期＞苗期。"福农 4 号"苗期的累积量最高为 1.010 g/hm^2，显著高于"桂麻菜 2 号"；"桂麻菜 1 号"开花期的累积量最高为 7.532 g/hm^2，显著高于其他品种；"桂麻菜 2 号"成熟期的累积量最高为 18.641 g/hm^2，显著高于其他品种，其次为"福农 1 号"，达 13.647 g/hm^2。综合分析 4 个品种的富集、转运及累积能力可知，成熟期是砷累积量最高的时期，成熟期"桂麻菜 2 号"对砷有较强的富集、累积和转运能力。因此，同一中草药的不同品种对砷的富集能力不同，同一品种不同部位及在不同生育期对砷的吸收和累积均存在差异。

林龙勇（2012）研究发现土壤砷浓度为 18 mg/kg 时，三七叶部的平均砷浓度最高，为 2.05 mg/kg；而当土壤砷浓度为 517 mg/kg 时，三七各部位砷浓度大幅增加，根部平均砷浓度最高，可达 20 mg/kg。三七对土壤砷的吸收能力和富集能力相对较差。通常认为砷超富集植物具有较强的砷吸收和富集能力，其生物富集系数远大于 1，而三七的砷富集系数在两种不同土壤中和砷浓度条件下远小于 1，且随着砷浓度的增大而减小，说明三七积累砷的能力较差。而在转运系数方面，砷超富集植物具有很强的向地上部转移砷的能力，而普通植物的转运系数一般远小于 1。三七在低砷处理条件下的转运系数（TF）是 1.68，当土壤浓度达到 517 mg/kg 时，其转运系数降至 0.35，因此当土壤中砷浓度降低时，三七能够将根部的砷有效地向上部转移，而当土壤中砷的浓度进一步增大时，这种转移能力被抑制，使得大量的砷积累在根部。从高砷处理条件下三七各部位砷浓度的比值来看，三七砷叶部砷浓度/茎部砷浓度为 8，远大于 1；而茎部砷浓度/根部砷浓度为 0.28，远小于 1，反映了茎部的砷积累能力较差，也可能由于茎部能有效地将根部的砷转移至叶部，从而导致茎部砷的积累量较少。

水生植物苦草对水体中的砷也有一定的富集作用。苦草对水环境中砷的富集能在较短的时间（3d）内达到一个较大值，到第 14 天，不同砷水平（<2 mg/L）处理下的苦草对砷的富集系数均超过 200；苦草中砷的浓度随处理时间及外源砷浓度的增加而增加，且与外源砷浓度之间存在极显著的正相关关系；不同砷水平处理下苦草生长良好，砷胁迫对其生长并没有造成严重的影响，这表明苦草对砷有着良好的耐受性。因此，苦草在水体砷污染生态修复方面具有一定的潜在应用价值，但苦草作为一剂中药材若可富集大量砷元素，对人体的危害将是极大的。

第二节　中草药中砷的形态及分布

一、中草药中砷的形态

重金属的总量只能粗略地表征其污染特征和危害性，形态则决定着它在自然界中的迁移和转化规律、毒性等。例如，不同价态和形态的砷的毒性从大到小依次为：亚砷酸盐 [As（Ⅲ）]、砷酸盐 [As（Ⅴ）]、一甲基砷（MMA）、二甲基砷（DMA）、砷甜菜碱（AsB）、砷胆碱（AsC）。砷结合人体细胞中酶系统的巯基，引起酶的功能损坏，致使细胞代谢紊乱即导致砷中毒。土壤溶液中砷一般以 As（Ⅴ）为主要存在形态，植株砷酸还原酶能够通过催化谷胱甘肽（GSH）和 As（Ⅴ）反应来实现还原作用，一般植物根部都具有较强 As（Ⅴ）还原能力。因此，陆生植物体内的砷一般以 As（Ⅲ）为主要存在形态。中草药中砷主要以无机砷形态 [As（Ⅴ）、As（Ⅲ）] 存在。

有学者收集并检测了河北、云南、甘肃、四川、吉林、新疆等多个地区的共 17 种中草药枸杞、西洋参、石菖蒲、百合、金银花、三七、人参、丹参、板蓝根、怀牛膝、山药、茯苓、党参、甘草、红花、龙胆、合欢花（共 103 批）中砷（As）元素的形态，结果表明，103 批药材中，仅有 1 批丹参样品砷总量超出我国药典限量标准；103 批药材中 As（Ⅲ）和 As（Ⅴ）的检出率高，其中 As（Ⅴ）为主要检出形态，无机砷占比达 80.90%～98.73%，部分样品中检出 DMA、MMA 和 AsB，在所有批次中均未检出 AsC（谷善勇等，2019）。曹煊（2009）发现北龙胆、合欢花、红花和桑螵蛸 4 种中草药中砷主要以无机砷形态 [As（Ⅴ）、As（Ⅲ）] 存在。王鸿丽等（2019）建立了测定冬虫夏草中 As（Ⅲ）、As（Ⅴ）、MMA、DMA、砷胆碱（AsC）和砷甜菜碱（AsB）6 种砷形态含量的分析方法，并检测发现购买的 3 批次冬虫夏草中砷主要以 As（Ⅲ）和 As（Ⅴ）形态存在，无机砷含量约为 1 mg/kg，有机砷 AsB 含量<0.02 mg/kg，DMA 含量<0.000 8 mg/kg，不含有 AsC 和 MMA。徐万帮等（2019）采用离子色谱-电感耦合等离子质谱检测方法发现沉香化气丸药材中砷的形态以 As（Ⅲ）和 As（Ⅴ）为主。而王亮等（2000）发现云南鬼针草中主要有 4 种砷的化合物，其含量顺序为：As（Ⅲ）＞As（Ⅴ）＞MMA＞DMA。在凤尾草根、茎、叶中均未检出有机砷化合物 MMA 和 DMA，只检出了无机砷离子 AsO_3^{3-} 和 AsO_4^{3-}。陈练等（2017）对石菖蒲根茎、叶及与外源性三价砷浸泡后的根

茎、叶进行检测发现，石菖蒲样品中只存在无机形态的砷，且三价砷为主要的无机形态砷。

二、中草药中砷的分布

植物的来源和中草药剂型会影响中草药中砷的含量。不同产地的丹参中总砷含量及不同形态砷的含量存在差异性，虽然各地丹参中总砷含量较高，但砷甜菜碱是主要成分，砷甜菜碱（AsB）是没有毒性的，毒性高的As（Ⅲ）、As（Ⅴ）含量很低，其中河北丹参中的总砷含量及高毒性砷形态含量最低，山东丹参中总砷及高毒性砷形态含量最高，出现这种情况，可能跟不同地方的土壤中砷元素的含量有关（柏大为等，2019）。柳晓娟（2010）研究发现从中草药的来源分析，直接采集的所有中草药样品的砷含量范围为 0.03～0.73 mg/kg，全部符合限量标准，而市场购买的半成品及饮片的砷含量范围为 0.05～7.05 mg/kg，其超标率为 6.36%，来源于市场的中草药的砷含量显著高于从种植区直接采集的中草药。从 13 种中草药隶属的科属分析，菊科中草药砷含量范围较宽，在 0.08～7.05 mg/kg，平均值为 0.87 mg/kg，而其他 6 种科属砷含量的平均值范围为 0.21～0.41 mg/kg，且各科 75% 的样品砷含量<0.5 mg/kg，与菊科样品相比，其药用安全性较高。服用半成品及饮片造成的砷日摄入量为 0.90～19.7 μg/d，其占每日允许摄入量 ADI 的比例范围为 0.70%～15.4%，其砷的健康风险显著大于服用采自种植区的原药。邵劲松等（2020）进行了虫部（药店市售）、草部（药店市售）、虫部（青海玉树）、草部（青海玉树）、片剂、胶囊样品中砷的 4 种形态的分析，发现生药中均只有 As（Ⅲ）被检测出来且含量较高，DMA、MMA、As（Ⅴ）均未被检测出；熟药中 4 种砷形态均未检出，说明样品中总砷主要以无机砷形态存在。虫部的砷含量明显大于草部的砷含量，片剂和胶囊中则未检出砷。

植物部位不同会影响中草药中砷的含量。以地下部入药的各种类中草药砷含量的平均值为 0.14～0.54 mg/kg，以地上部入药的中草药，祁菊花的砷含量平均值为 1.42 mg/kg，其他种类在 0.09～0.27 mg/kg。根据《药用植物及制剂外经贸绿色行业标准》（WM/T2—2004）对总砷的限量（2.0 mg/kg），以地下部和地上部入药中草药的超标率分别为 3.27% 和 9.09%，全部样品的总超标率为 4.57%。根部 As（Ⅴ）的还原作用可能是限制砷通过木质部转运的关键环节。研究表明，三七根部的砷元素多集中在表皮组织中，且有向维管束运转的趋势，因此将 As（Ⅴ）向地上部转运，当砷被运输至叶部后，砷又以 As（Ⅲ）为主要存在形态，说明三七叶部或茎部具有一定的砷还原能力（林龙勇，2012；陈璐等，2015a）。一些学者认为植物体内 As（Ⅴ）向 As（Ⅲ）的转化可能与植物体内谷胱甘肽类的还原性硫醇类物质有关，这些物质可以通过脱硫反应将 As（Ⅴ）转化为 As（Ⅲ）（Pickering et al.，2000）。陈练等（2017）发现石菖蒲的根茎为无机砷的主要富集部位，在以高毒性三价砷为单一砷来源的情况下，石菖蒲样品的根茎和叶均富集了三价砷和五价砷。可见，石菖蒲的根茎和叶均能通过生物代谢，将部分高毒性的三价砷转化为较低毒性的五价砷。这可能是在石菖蒲根茎、叶细胞中，部分三价砷可以作为电子供体，被 As（Ⅲ）氧化酶催化从而被氧化为五价砷，达到降低部分无机砷毒性的效果。李金波等（2018）的研究表明黑麦草不同部位砷的含量为根系>老叶片>茎>功能叶片>幼叶片。

不过也有研究发现三七茎叶中的砷残留量是高于毛根中的（冯光泉等，2006）。侯文焕等（2020）发现砷在黄麻中各部位的含量为根＞叶（种子）＞麻皮＞麻骨。黄麻叶的砷含量始终高于麻皮和麻骨，可能是叶含有的黏性多糖等物质对砷有较强的吸附能力，导致嫩茎叶砷的含量较高；麻皮部位的砷含量始终高于麻骨，可能是砷沉积于导管壁所致。随着生育期的变化，黄麻中的麻骨、麻皮、叶（种子）的砷含量均呈现先下降后升高的趋势，可能是因为在苗期至开花期叶和茎处于快速生长期而砷的累积量增长速度较慢。

细胞液是砷富集的主要亚细胞组分，而砷在各组分所占比例从大到小表现为：细胞液＞细胞壁＞细胞质。陈璐等（2015b）研究发现三七在高砷和低砷处理条件下，分别有53％和54％的砷累积于植株细胞壁，39％和39％的砷累积于植株胞液，8％和7％的砷累积于细胞器，显示了细胞壁和胞液组分在三七砷富集和解毒方面的关键作用。

第三节　中草药生产加工中砷的控制

一、中草药生产过程中砷的控制

（一）外源磷对中草药中砷的控制

添加外源磷素可以有效降低三七各部位三价砷和五价砷的含量，最大降幅达50％，同时可以降低根部对砷的吸收富集系数（陈璐等，2015a）。研究发现添加外源磷素（砷50 mg/L＋磷100 mg/L），三七根部的砷含量明显降低，这可能是外源磷素的存在抑制了三七根系对砷的吸收，增强了对 As（V）的还原，阻碍了硫醇或巯基的形成，从而起到解毒作用。磷元素和砷元素对三七根部具有相同的吸附位置，三七生长环境中磷元素大量存在会抑制根部对砷的吸收，也就是说添加外源磷素可以有效降低三七根部对砷的吸收富集。而从亚细胞层面来讲，三七各部位的亚细胞组分中砷的累积量不同，其中细胞液是砷的主要富集组分，具有一定的区隔化作用，但不能有效地减少砷对植物细胞新陈代谢的影响和毒害；外源磷素的加入可以显著降低三七不同部位亚细胞组分中砷的累积量，其降低幅度为细胞液＞细胞壁＞细胞器。

对于板蓝根来说，水培条件和土培条件下外源磷对板蓝根吸收转运砷元素有一定的影响。无论是低磷胁迫还是正常供磷处理，低浓度的砷对板蓝根的生长有一定的促进作用，当营养液中砷浓度增加到一定程度时就对板蓝根的生长产生了抑制作用，供磷对板蓝根地下部砷毒害也起到一定程度的缓解作用，在低砷处理条件下（5 μmol/L），正常磷处理（400 μmol/L）的板蓝根地下部和地上部砷含量降低幅度最大，其中地下部砷含量从14.12 mg/kg 降到了 1.44 mg/kg，符合我国中草药绿色行业标准的要求（高宁大，2012）；板蓝根地下部和地上部磷和砷含量之间呈显著的负相关关系，并且增加培养液 P/As，能够在一定程度上降低板蓝根中砷的浓度（高宁大等，2013）。土培条件下，在砷含量较低的自然土中，添加不同量的磷并没有明显影响板蓝根地下部砷的累积，但是却显著降低了砷由板蓝根地下部向地上部的转运，并且当磷（P_2O_5，下同）的施用量为200 mg/kg 时，显著降低了砷在板蓝根地上部的累积，为降低砷在该草药中累积的适宜用量；在砷含量较高的土壤中，添加不同量的磷并没有明显影响板蓝根地上部砷的浓度。100 mg/kg 磷处理显著降低了砷在板蓝根地下部的累积，但随着磷用量的增加板蓝根地下部砷的含量增加，并且不同磷素的用量对于砷由板蓝根地下部到地上部的转运没有明显影响。

在砷含量较高的土壤中，添加 5 g/kg 的有机质（尿素、磷酸二氢钙和氯化钾来作为底肥，N、P_2O_5 和 K_2O 的添加浓度分别为 0.2 g/kg、0.15 g/kg 和 0.2 g/kg）不仅降低了板蓝根地下部和地上部对砷的富集，而且显著降低了板蓝根对砷的吸收能力，促进了砷由板蓝根地下部向地上部的转运（高宁大等，2013）。

（二）外源硒对中草药中砷的控制

不同硒浓度对延龄草吸收砷的作用有所不同。延龄草对有害元素砷的吸收随着外源硒浓度的增加先减小再增加后减少，在硒浓度为 0～25 mg/kg 时延龄草对砷的吸收具有抑制作用，在硒浓度为 25～30 mg/kg 时延龄草对砷的吸收具有促进作用，但不显著。硒浓度为 10～25 mg/kg 时延龄草对砷的吸收与对照组存在显著的差异（$P < 0.05$），硒对延龄草吸收砷的抑制作用最显著；延龄草的硒含量为 2.93～16.22 mg/kg 时，延龄草对砷的吸收达到最小值 0.81 mg/kg；硒浓度为 30 mg/kg 时，延龄草对砷的吸收与对照组没有显著差异，因此在外源硒条件下硒元素对延龄草吸收砷的促进作用不显著，说明硒对延龄草吸收砷元素具有抑制作用，可能不具有或有很低水平的促进作用。因此低浓度硒能够抑制延龄草对砷的吸收。

二、中草药加工过程中砷的控制

在目前对中草药的检测结果中，其富集的砷以 As（V）为主要形态。而 As（V）在遗传上有导致基因突变的作用，还会对人体呼吸系统、循环系统及神经系统产生不同程度的危害。李邦进（2018）测定了不同产地的 10 种中草药（陈皮、制陈皮、栀子、姜厚朴、牡蛎、青黛、当归、金银花、枸杞、龙胆）中各形态砷的含量，发现所有中草药中存在的砷形态主要是有毒的无机砷 As（V）和无毒的有机砷 AsB，As（Ⅲ）、DMA 和 MMA 均未检出，试验中还发现两种提取方法对砷的提取效率差异很大，热浸提方法（95 ℃浸提 3h＋5％乙酸沉淀蛋白）的砷提取效率为 74.8％～83.2％，水煎法（105 ℃水浴 3h＋冷却静置沉淀）的提取效率只有 40.8％～49.1％，热浸提方法的提取效率远高于水煎法的提取效率，说明传统的水煎法在一定程度上减少了人体对中草药中有毒砷形态的吸收。炮制是中医用药的重要特点，中药经过炮制后，药性、药效、毒性等方面都可发生改变。在黄芪、大黄、黄芩、何首乌、地黄中都未检出 MMA 和 DMA，但在冬虫夏草中检出了MMA；炮制后，5 种中药中无机砷的含量都出现了上升（金鹏飞等，2011）。蒙药的炮制方法工艺繁简不一，风格独特。陈朝军等（2009）改进蒙药炮制工艺后降低了蒙药的重金属及砷盐含量，研究表明黑冰片、蒜炭中的重金属及砷盐含量在传统炮制工艺中变化不大，但在改进工艺后却大幅度下降，原因可能是在传统炮制工艺中使用了黏土密封，引入了较多的杂质，使重金属和砷盐含量过高，而马弗炉温度高且恒温效果好，同时也减少了使用黏土引起的污染。

主 要 参 考 文 献

柏大为，朱琼，2019. 高效液相色谱-电感耦合等离子体质谱联用法对不同产地丹参中总砷和砷形态含量

分析 [J]. 中国药品标准，20（6）：526-531.

曹煊，2009. 以形态分析为基础的砷及砷生物代谢过程与产物的表征研究 [D]. 青岛：中国海洋大学.

陈朝军，刘利平，王美龄，等，2009. 不同炮制工艺对蒙药中微量元素含量的影响 [J]. 微量元素与健康研究，26（1）：27-29.

陈练，马莎莎，易伦朝，等，2017. 砷的不同形态在石菖蒲中的分布 [J]. 食品与机械，33（4）：23-26.

陈璐，米艳华，万小铭，等，2015a. 外源磷素对药用植物三七吸收砷的微区及形态分布特征影响 [J]. 生态环境学报，24（9）：1576-1581.

陈璐，米艳华，万小铭，等，2015b. 砷在药用植物三七根部组织及其亚细胞分布特征 [J]. 植物学报，50（5）：591-597.

冯光泉，刘云芝，张文斌，等，2006. 三七植物体中重金属残留特征研究 [J]. 中成药，28（12）：1796.

高宁大，2012. 外源磷或有机质对板蓝根吸收转运砷的影响研究 [D]. 保定：河北农业大学.

高宁大，耿丽平，赵全利，等，2013. 外源磷或有机质对板蓝根吸收转运砷的影响 [J]. 生态学报（9）：2719-2727.

谷善勇，骆骄阳，刘好，等，2019. 高效液相色谱-电感耦合等离子体质谱法检测 17 种大宗常用中草药中砷元素形态 [J]. 中国中药杂志，44（14）：3078-3086.

侯文焕，赵艳红，廖小芳，等，2020. 不同黄麻品种对污染土壤砷的吸收累积差异 [J/OL]. 分子植物育种：1-15（2020-11-24）[2021-04-14]. http：//kns. cnki. net/kcms/detail/46. 1068. S. 20201124. 1500. 004. html.

金鹏飞，吴学军，邹定，等，2011. HPLC-ICP-MS 研究炮制对中药砷形态的影响 [J]. 光谱学与光谱分析，31（3）：816-819.

李邦进，2018. 高效液相色谱-电感耦合等离子体质谱检测中药中的五种砷形态 [J]. 福建分析测试，27（3）：20-25.

李金波，李诗刚，宋桂龙，等，2018. 两种黑麦草砷吸收特征及其与茎叶营养元素积累的关系研究 [J]. 草业学报，27（2）：79-87.

林龙勇，2012. 三七中砷的积累过程及其耐性机制研究 [D]. 武汉：华中农业大学.

柳晓娟，2010. 中草药中砷的赋存形态及其生物可给性研究 [D]. 保定：河北农业大学.

邵劲松，胡耀娟，刘苏莉，等，2020. 冬虫夏草中砷的形态分析与评价 [J]. 分析科学学报，36（2）：229-234.

王鸿丽，刘倩，何昆，2019. HPLC-ICP-MS 法测定中药冬虫夏草中 6 种砷形态化合物 [J]. 国际药学研究杂志，46（12）：946-949.

王亮，陈莉莉，朱光辉，等，2000. 云南中草药鬼针草中微量砷的形态分析 [J]. 微量元素与健康研究（1）：44-45.

徐万帮，林铁豪，谭昌成，2019. 离子色谱-电感耦合等离子质谱联用技术同时检测沉香化气丸中 6 种不同形态砷和铬（Ⅵ）[J]. 医药导报，38（3）：359-364.

Pickering I J，Prince R C，George M J，et al.，2000. Reduction and coordination of arsenic in Indian mustard [J]. Plant Physiology，122（4）：171-178.

第七章　香辛料生产加工中砷的迁移与控制

第一节　香辛料中砷的来源及富集

一、香辛料概述

香辛料是指具有天然味道或气味等味觉属性、可用作食用调料或调味品的植物特定部位，是一类能够使食品呈现香、辛、麻、辣、苦、甜等特征气味的食用植物香料的简称。在人类社会极度不发达的时代，能让食物保持新鲜的方法极为有限，香辛料的发现和使用，是人类饮食历史上的一大闪光点。我国对香辛料的使用有着极为悠久的历史，"香之为用，从上古矣"就源自我国夏商时期的史书。

据统计，全球有香辛料植物超过 500 种，天然香辛料一般有浓香型、淡香型和辛辣型，我国《香辛料和调味品名称》（GB/T 12729.1—2008）标准中列举常见的香辛料有 60 多种。国际食品法典委员会（CAC）定义的香辛料包括芳香植物种子、芽、根、根茎、树皮、豆荚、花及其各部分、浆果以及其他水果，香辛料以相对较少的量用于风味食物，主要分为籽粒类、果实和浆果类、树皮类、根和根茎类、芽类、花和柱头类、种皮类、柑橘类以及干辣椒 9 个大类。籽粒类香辛料包括胭脂木（*Bixa orellana*）、芫荽（*Coriandrum sativum*）、当归（*Angelica sinensis*）、茴芹（*Pimpinella anisum*）、罗勒（*Ocimum basilicum*）、腺毛黑种草（*Nigella glandulifera*）、孜然芹（*Cuminum cyminum*）、茴香（*Foeniculum vulgare*）、爪哇白豆蔻（*Amomum compactum*）及旱芹（*Apium graveolens*）等的种子；果实和浆果类香辛料包括花椒（*Zanthoxylum piperitum*）、胡椒（*Piper nigrum*）、八角茴香（*Illicium verum*）、山楂（*Crataegus pinnatifida*）、芫荽（*Coriandrum sativum*）及栀子（*Gardenia jasminoides*）等的果实；树皮类香辛料包括黄芪（*Astragalus*）、巴尔干半岛芍药（*Paeonia mascula*）及滑榆（*Ulms rubra*）等的树皮；根和根茎类香辛料包括菖蒲（*Acorus calamus*）、芫荽（*Coriandrum sativum*）、紫堇属（*Corydalis* DC）、光果甘草（*Glycyrrhiza glabra*）、白芍药（*Paeonia lactiflora*）及龙胆（*Gentiana scabra*）等的根；芽类香辛料包括丁香（*Ewgewia caryophyllata*）、刺山柑（*Capparis spinosa*）、决明子（*Cassia obtusifolia*）、旱金莲（*Tropaeolum*）等的芽；花和柱头类香辛料包括忍冬（*Lonicera japonica*）、露兜树（*Pandanus*）及番红花（*Crocus sativus*）等的花蕾；种皮类香辛料有肉豆蔻（*Myristica fragrans*）的种皮，柑橘皮类香辛料包括箭叶橙（*Citrus histrix*）、柠檬（*Citrus limon*）、甜橙（*Citrus sinensis*）、温州蜜柑（*Citrus unshiu*）及香橙（*Citrus junos*）的皮，干辣椒类香辛料有辣椒（*Capsicum annuum*）的果实等。

我国既是香辛料消费大国，又是香辛料出口大国，我国大宗香辛料包括八角、桂皮、辣椒、姜、葱、大蒜、胡椒、花椒、丁香等，在国际贸易中占有绝对优势。中华民族向来善用香辛料作为调味品，而让色香味俱全的中华美食驰名于世界。随着人民生活水平的逐步提高，人们对生活质量的要求也逐步提升，国民对饮食消费的要求从"饱"变成了"好"，愈加关注膳食结构的合理搭配和各类食品及调味料、添加剂质量的优劣。中国千百年来的传统饮食结构，决定了香辛调味料是国人餐桌上必不可少的搭配。同时随着餐饮行业的飞速发展，香辛调味料在餐饮业渠道的消费比重占到了近一半，已经成为我国食品行业中增速最快的门类之一，飞速增长的市场需求极大地刺激了香辛料企业的发展。

二、香辛料中砷的来源

随着城市化、工业化进程的逐步加快，工业三废的排放和农药、化肥的不合理使用等，污染了香辛料种植生态系统的水、土、气，超标的重金属会对人体产生毒害，因此世界各国都对香辛料中的重金属规定了严格的限量。

香辛料中有毒砷元素必然存在于食品原料中，主要问题是其含量的大小，香辛料植物在生产过程中，对土壤中的砷元素进行富集，这也许是砷元素的主要来源。另外，在生产加工过程中受到的二次污染，在加工过程中使用的机械、管道等与之摩擦接触，金属容器也可能使其遭受污染，因此需要在加工过程中保持场所的清洁卫生。未经处理的工业三废的排放也可能造成香辛料植物的污染。

砷元素主要以气溶胶的形态存在于大气中，由于重力作用，自然沉降或者随降水进入土壤，造成土壤的污染。气态或尘态的砷元素也可以通过农作物的叶片被吸收。违规使用含砷农兽药，砷被代谢为粪便后再作为肥料，农业生产中的施肥带入含砷的矿物质成分，也是造成香辛料砷污染的另一渠道。因此，需要在肥料制作过程中避免砷的污染。长期对同一地块施用含镉肥料，会造成土壤背景中镉含量的大幅度增加，最终导致所种植农作物中镉含量的增加。同样，长期施用含砷元素的肥料和农药也会引起土壤中砷元素含量的增加。

因此，我们应在种植环节、储运环节、加工环节采取综合质量控制措施，如产地环境源头控制、仓储保存有效防菌、辅料产品合格选择、产品加工工艺科学化、动态杀菌控制等才能有效对香辛料产品的质量安全进行把控。目前，在香辛料的国际贸易过程中，许多进口国家对有毒砷元素也提出了相应的限量要求，以保障消费者食用安全。

第二节　香辛料中砷的安全现状

香辛料作为天然产物，形色和风味会因种植地气候、土质、品种及管理的差异而存在巨大差异。而且随着市场的发展和消费者需求的增加，香辛料类调味料的生产加工工艺和技术有了较大突破，过去的干燥、浸泡、蒸煮、粉碎、去皮渣等粗加工方式，已经向冷冻和微波干燥技术、超微粉碎技术、超临界萃取技术、分子蒸馏技术、微胶囊化技术等加工技术转化。香辛料产品的重金属污染、微生物严重超标等质量安全问题，对香辛料产品的质量和食品安全都会产生不良影响。

姜荣利等（2019）抽检了阜新市市场上的 20 份香辛料样品（水分含量≤14%），样品中砷的检出率为 95%，平均含量为 0.040 mg/kg。刘康书等（2019）抽检了贵州市场上的 150 批辣椒，采用原子荧光光谱法测定总砷含量，得知总砷含量最高为 0.042 mg/kg，均不超标。伍彩红等（2018）采用电感耦合等离子体质谱仪测定来自广东和广西的 80 批次肉桂样本，得知总砷含量超过 0.2 mg/kg 的有 13 个，总砷含量最高为 0.412 mg/kg，超标率为 16.25%。郑雅楠等（2012）对陕西省 10 个地区的花椒中的砷含量进行了分析，发现蒲城和富平地区的花椒的砷含量最高，均为 0.115 mg/kg，铜川王益、铜川西源、澄城地区花椒的砷含量分别为 0.110 mg/kg、0.103 mg/kg、0.10 mg/kg，其余地区花椒中砷的含量均小于 0.10 mg/kg，花椒中总砷含量的平均值为 0.094 mg/kg，其含量低于香辛料限量行业标准（NY/T 901—2011）（图 7-1）。国家标准 GB/T 30391—2013 规定了砷、铅、镉及汞在干花椒中的限量分别为砷 0.3 mg/kg、镉 0.5 mg/kg、汞 0.03 mg/kg、铅 1.86 mg/kg。对 8 个省份的 42 批花椒样品进行检测，发现铅超标最为严重，大部分地区的花椒铅含量均超标，铅的最高含量达到 3.84 mg/kg，四川地区的花椒砷的最高含量达到 1.08 mg/kg。《绿色食品　香辛料及其制品》（NY/T 901—2011）规定香辛料总砷含量（以砷计）应≤0.2 mg/kg，因此可知以上香辛料样品中存在更多超标样品。郭松年等（2011）对购于西安超市的姜粉、茴香、肉蔻、辣椒、丁香、孜然、花椒、桂皮、八角和胡椒 10 种香辛料的金属元素含量进行了分析，发现其中砷含量超过 NY/T 901—2011 规定的有姜粉［(0.77±0.027) mg/kg］和孜然［(0.29±0.005) mg/kg］。

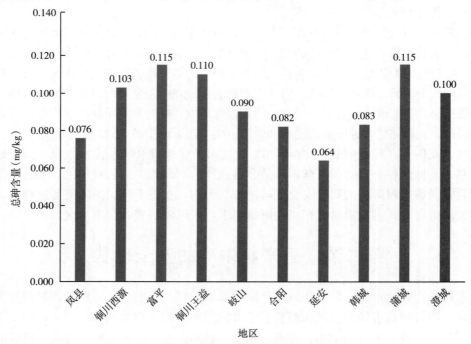

图 7-1　陕西省各地花椒中砷的含量

　　蔡璇（2015）对肇庆地区桂皮中砷污染的调查结果表明，117 批次的桂皮样品的总砷含量在 0.01~1.21 mg/kg，检出率为 100%，其种植土壤样本中的总砷含量在 0.63~7.85 mg/kg，检出率为 100%，见表 7-1。采用尼梅罗综合污染指数法评价土壤中的砷污染情况，可知该含量范围处于警戒级别。对桂皮中砷的存在形式进行研究，采用溶剂提取法-色谱-原子荧光检测联用技术对其存在形式进行检测，发现桂皮中存在 As（Ⅲ）、DMA、MMA、As（Ⅴ）4 种形态的砷，且无机态的 As（Ⅲ）的含量最高（田雨等，2014；刘永华，2003）。

表 7-1 桂皮及其种植土壤中的砷含量

项目	总砷的含量范围（mg/kg）	平均值（mg/kg）	检出率（%）
117 批桂皮样品	0.010~1.210	0.026	100
种植肉桂的土壤	0.630~7.850	2.180	100

第三节 香辛料加工中砷的迁移与控制

一、辣椒加工过程中砷的迁移与控制

（一） 不同品种、 制干方式和储存时间的辣椒中砷的变化

从我国西南 9 个地区 76 个县（市）的市场、农户家采集干辣椒样品 272 个、新鲜辣椒及对应土壤样品 76 组，并采集我国其他地区及国外辣椒样品 36 个进行对比。所采样品均记录其制干方式、储存时间，并按照贝利（Bailey）标准对辣椒品种进行分类（刘文明等，2005）。采用氢化物-原子荧光光谱法测定辣椒含砷量，水浴消解原子荧光光谱法测定土壤含砷量。结果表明，我国西南地区干辣椒含砷量中位数为 106.9 $\mu g/kg$，范围为 0.2~16 637.3 $\mu g/kg$；新鲜辣椒含砷量中位数为 0.2 $\mu g/kg$（干重），范围为 0.2~295.8 $\mu g/kg$。不同制干方式与储存时间条件下的辣椒含砷量中位数由高到低依次为：往年煤火烘干的辣椒（197.3 $\mu g/kg$）、往年晒干的辣椒（130.7 $\mu g/kg$）、当年煤火烘干的辣椒（94.1 $\mu g/kg$）、当年晒干的辣椒（55.5 $\mu g/kg$）。不同品种辣椒晒干样品含砷量中位数由高到低依次为：簇生椒（101.5 $\mu g/kg$）、樱桃椒（95.6 $\mu g/kg$）、圆锥椒（86.8 $\mu g/kg$）、长椒（47.1 $\mu g/kg$）。煤火烘干样品含砷量中位数由高到低依次为：樱桃椒（275.5 $\mu g/kg$）、簇生椒（173.0 $\mu g/kg$）、圆锥椒（164.3 $\mu g/kg$）、长椒（136.8 $\mu g/kg$）。我国其他地区和土耳其的辣椒样品含砷量中位数（125.8 $\mu g/kg$、112.3 $\mu g/kg$）略高于我国西南地区；美国、法国及其他国家的辣椒样品含砷量中位数（29.4 $\mu g/kg$、54.1 $\mu g/kg$、85.3 $\mu g/kg$）明显低于我国西南地区。新鲜辣椒与其对应的土壤含砷量无显著相关关系（$r=0.010$，$P>0.05$）。辣椒含砷量与含硒量间存在显著的正相关关系（$r=0.616$，$P<0.05$）。我国西南地区干辣椒含砷量明显高于新鲜辣椒，不同品种、制干方式和储存时间条件下的辣椒含砷量不同，部分辣椒存在着一定程度的砷、硒同时污染。

（二）"老干妈"辣椒酱加工过程中砷的变化

为了解"老干妈"辣椒酱加工过程中不同砷形态的变化以保证产品的质量，通过模拟"老干妈"辣椒的深加工工艺，以实际样品添加的方式，采用高效液相色谱-电感耦合等离子体质谱（HPLC-ICP-MS）联用技术对贵州省的鲜辣椒及"老干妈"辣椒酱中的无机砷（亚砷酸盐和砷酸盐）、一甲基砷和二甲基砷进行本底调查，测定了辣椒深加工过程中不同砷形态的变化，并检测了砷污染情况。根据"老干妈"辣椒酱的制作工艺，选择最重要的烘干和油炸 2 个加工工艺模拟试验，同时对贵阳、遵义、绥阳 3 个地区的辣椒进行加标回收试验，比较这 3 种加工工艺对辣椒中 3 种砷形态的影响，观察不同砷形态的变化情况。

对"老干妈"辣椒酱生产加工工艺进行模拟试验，可知 3 种砷形态不受烘干和油炸等加工工艺的影响，添加回收率为 81.0％～92.3％。

（三）晾晒、烘干工艺对辣椒中砷的影响

称取 4 g 新鲜辣椒于坩埚中，加入 3 种砷形态混标，静置 24 h，让辣椒充分吸收标液，再放入 100 ℃马弗炉中，6 h 后取出，冷却至室温，将烘干后的辣椒样品置于塑料离心管中，加入 38 mL 去离子水，旋涡混匀后，水浴振荡 40 min，加入 3‰乙酸溶液 2 mL 混匀沉淀蛋白，于 4 ℃冰箱中静置 5 min 后，以 8 000 r/min 的转速于 4 ℃条件下离心 10 min，取上清液过 0.45 μm 滤膜到进样瓶中待测，同时做试剂空白。试样通过 HPLC-ICP-MS 联用仪进行检测。由表 7-2 中的数据可以看出，晾晒和烘干后，样品中无机砷、一甲基砷及二甲基砷的回收率均大于 80％，故晾晒、烘干辣椒的加工工艺并未对不同砷形态产生影响。

表 7-2　新鲜辣椒中不同砷形态在烘干后的变化

产地	砷形态	本底值（μg/kg）	加标量（μg/kg）	测定值（μg/kg）			平均回收率（％）
				1	2	3	
贵阳	无机砷	0	100	89.3	90.1	88.6	89.3
	一甲基砷	0	50	45.1	43.5	46.2	89.9
	二甲基砷	0	50	42.5	45.1	44.3	87.9
遵义	无机砷	0	100	88.3	87.3	90.1	88.6
	一甲基砷	0	50	43.2	46.8	45.3	90.2
	二甲基砷	0	50	41.1	43.2	44.2	85.7
绥阳	无机砷	0	100	92.1	93.2	91.6	92.3
	一甲基砷	0	50	46.3	48.5	44.5	92.9
	二甲基砷	0	50	43.2	41.5	42.3	84.7

（四）　油炸工艺对辣椒中砷的影响

对油炸干辣椒加工工艺中所用植物油进行无机砷、一甲基砷和二甲基砷的检测，结果均小于检出限，不会对模拟试验结果产生干扰。

称取 0.3 g 干辣椒（相当于 4 g 新鲜辣椒）于坩埚中，加入 3 种砷形态混标，静置 24 h，让辣椒充分吸收标液，再加入 20 mL 植物油，放入 110 ℃马弗炉中 30 min，取出后冷却至室温，分别对油炸辣椒和油按上述前处理方法进行提取、净化和检测。同时做对照。由试验结果可以看出，干辣椒经过油炸工艺后砷形态不会发生变化，且回收率稳定。油炸工艺后无机砷、一甲基砷和二甲基砷的回收率如表 7-3 所示。

表 7-3　新鲜辣椒中不同砷形态在油炸工艺后的变化

产地	砷形态	本底值（μg/kg）	加标量（μg/kg）	测定值（μg/kg）			平均回收率（％）
				1	2	3	
贵阳	无机砷	0	100	82.1	80.5	80.4	81.0
	一甲基砷	0	50	40.2	41.8	41.1	82.1
	二甲基砷	0	50	41.5	43.5	40.6	83.7

（续）

产地	砷形态	本底值（μg/kg）	加标量（μg/kg）	测定值（μg/kg）			平均回收率（%）
				1	2	3	
遵义	无机砷	0	100	80.3	82.4	84.1	82.3
	一甲基砷	0	50	42.3	42.4	44.8	86.3
	二甲基砷	0	50	42.8	42.5	43.1	85.6
绥阳	无机砷	0	100	83.1	82.1	80.4	81.9
	一甲基砷	0	50	42.3	41.3	40.9	83.0
	二甲基砷	0	50	43.2	40.5	41.7	83.6

二、姜加工过程中砷的迁移与控制

姜作为药食两用的材料，在我国已经有2 000多年的食用历史，《论语》记载，孔子有"不撤姜食，不多食"之句。我国是姜的发源地之一，也是最早种植姜的国家。生姜、干姜不仅在中医临床上的使用量较大，在日常生活中作为调味品的用量也很大。姜（*Zingiber officinale*），味辛，性微温，归肺、脾、胃经，具有解表散寒、温中止呕、化痰止咳、解鱼蟹毒等功效；主治风寒感冒、胃寒呕吐、寒痰咳嗽。干姜为生姜的干燥根茎，味辛性热，归脾、胃、肾、心、肺经，具温中散寒、回阳通脉、温肺化饮等功效；主治脘腹冷痛、呕吐泄泻、肢冷脉微、寒饮喘咳。

（一）姜熏硫工艺对砷的影响

我国市场上屡次出现硫熏生姜和干姜。硫黄熏蒸法是为了防腐、防霉、防虫蛀以及干燥和增色，但是，硫熏过程可使生姜残留大量的二氧化硫，导致生姜、干姜的化学成分发生变化。食用硫黄熏蒸过的生姜、干姜可致气管炎、支气管炎等呼吸道疾病和肝脏损伤，长期食用硫熏生姜、干姜，过量的重金属元素会在体内累积而导致中毒，表现为口腔内有金属味、发烧、急性胃肠炎、重型肝炎、溶血性贫血等症状。硫熏法导致的重金属元素污染问题，直接影响到生姜、干姜的安全性。

严辉等（2020）对生姜、干姜硫黄熏蒸前后的砷含量进行了测定及对比，发现硫黄熏蒸的确会使生姜、干姜砷元素的含量发生变化，具体见表7-4中生姜、干姜熏硫前后的砷含量。对3批样品测得的砷元素含量进行比较，经过硫黄熏蒸的生姜中元素砷的含量增加但不明显（$P>0.05$）；经过硫黄熏蒸的干姜中砷元素的含量略有下降。

表7-4 熏硫与非熏硫姜样品中砷的含量

样品	批次	总砷含量（mg/kg）
生姜（非熏硫）	1	0.131 5±0.001 5
	2	0.138 3±0.000 6
	3	0.126 6±0.000 6

（续）

样品	批次	总砷含量（mg/kg）
生姜（熏硫）	1	0.184 7±0.001 7
	2	0.181 3±0.001 0
	3	0.186 1±0.002 4
干姜（非熏硫）	1	0.075 7±0.001 2
	2	0.077 3±0.001 6
	3	0.076 2±0.001 5
干姜（熏硫）	1	0.062 7±0.000 6
	2	0.063 1±0.001 3
	3	0.064 2±0.001 2

（二）姜去皮工艺对砷的影响

姜喜温暖湿润气候，不耐高温和强光，适合生长于土质肥沃、土层深厚、透气性好的沙壤土、壤土或黏壤土中，这些生长特性决定了姜的分布。除东北、西北等高寒地区以外，姜主要分布在四川、云南、贵州、广西、山东、湖南等地。不同的地理生态环境，其无机元素的组成也同样存在差异。邹冬倩等抽检了全国各地 28 批次生姜样品（表 7-5），样品中的砷含量见图 7-2。

表 7-5　28 批不同产地干姜样品信息表

编号	产地	规格	编号	产地	规格
S1	山东省寿光市	姜块	S15	云南省罗平县	小黄姜（高硫）
S2	山东省寿光市	柴姜（无硫）	S16	云南省罗平县	小黄姜（高硫黑姜）
S3	四川省犍为县	筍姜（无硫）	S17	云南省罗平县	小黄姜（低硫姜片）
S4	四川省宜宾市	小黄姜（无硫）	S18	云南省罗平县	小黄姜（低硫姜片）
S5	四川省宜宾市	筍姜（无硫）	S19	云南省罗平县	小黄姜（高硫）
S6	贵州省盘州市	小黄姜（无硫）	S20	云南省罗平县	小黄姜（低硫）
S7	云南省板桥镇	小黄姜（低硫母姜）	S21	云南省屏边县	小黄姜（低硫）
S8	云南省板桥镇	小黄姜（高硫）	S22	云南省屏边县	小黄姜（低硫姜片）
S9	云南省腊山镇	小黄姜（低硫母姜）	S23	云南省腊山镇	小黄姜（低硫未去皮）
S10	云南省腊山镇	小黄姜（低硫）	S24	云南省腊山镇	小黄姜（低硫未去皮）
S11	云南省腊山镇	小黄姜（低硫母姜）	S25	云南省罗平县	小黄姜（低硫未去皮）
S12	云南省罗平县	小黄姜（高硫）	S26	云南省腊山镇	小黄姜（低硫去片）
S13	云南省罗平县	小黄姜（低硫）	S27	云南省罗平县	小黄姜（低硫去片）
S14	云南省罗平县	小黄姜（晒姜片）	S28	云南省罗平县	小黄姜（低硫去片）

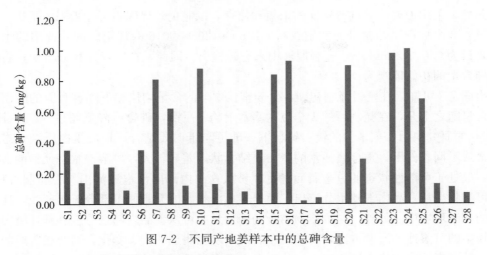

图 7-2　不同产地姜样本中的总砷含量

（三） 未去皮干姜与去皮干姜砷含量对比

通过对未去皮干姜样品（S23、S24、S25）以及去皮的干姜样品（S26、S27、S28）中的砷含量进行对比发现，砷的含量在去皮样品中显著低于在未去皮的样品。因此，干姜经过去皮处理之后，砷的含量下降，可能与姜皮对砷的富集作用有关（表 7-6）。目前，在四川省犍为县、云南等地的干姜主要产区发现去皮之后的干姜中砷含量显著降低。而去皮之后干姜中的指标性化学成分的含量与去皮之前相比并无显著差异。去皮后干姜中挥发油、总酚含量均无显著变化，且去皮后能够缩短干燥时间，降低干燥过程中的能源消耗，更有利于实际生产。

表 7-6　去皮与未去皮干姜的砷含量

样品	总砷含量（mg/kg）
小黄姜 1（低硫未去皮）	0.98
小黄姜 2（低硫未去皮）	1.01
小黄姜 3（低硫未去皮）	0.68
小黄姜 1（低硫去皮）	0.13
小黄姜 2（低硫去皮）	0.11
小黄姜 3（低硫去皮）	0.07

（四） 生姜蜜饯腌制工艺对砷含量的影响

李文祥等（2018）探讨了腌制过程中生姜蜜饯中砷元素的迁移行为（即砷元素随时间变化的情况），具体方案为：①腌制前，对原料生姜以及腌制液（20％的食盐＋0.2％的柠檬酸）中的砷元素含量进行测定，以确定其初始含量水平。②采用腌制液（20％的食盐＋0.2％的柠檬酸）对原料生姜进行盐水腌制，将清洗干净、挑选好的原料生姜直接浸泡于腌制液中，制成生姜蜜饯盐水坯保存备用。③对腌制保存过程中的蜜饯生姜以及腌制液定期取样（时间节点为腌制 1、2、3、4、5 个月时），以监测其砷含量的变化。腌制保存 1 个月时，进行首次取样。取样前，先对腌制体系进行适当的搅拌，确保所取试样的代表性。此外，采用玻璃器皿进行试样的采集和储存，以避免外界因素可能带来的干扰。每次试验设置 3 个平行。砷含量的测定执行 GB 5009.268—2016 的规定。试验选用的生姜原料砷含量为 0.013 2 mg/kg，腌制原液中未有砷检出。因此，在后续迁移分析中，将腌制原液砷含量的初始值视为 0。

由图 7-3 可知，在蜜饯腌制初期，生姜蜜饯中砷的含量均快速下降，对应的腌制液中的砷含量随之上升，在腌制后的 1 个月内基本上趋于平衡，砷含量降低超过 50％。He 等（2000）的研究揭示了稻米中的镉、铅、铜、砷可与蛋白质结合，形成蛋白质结合态，不同元素或不同条件下，重金属元素的蛋白质结合状态差异较大，可溶性状态元素的占比不同。一般处于可溶性状态的重金属元素更容易从食品内部向浸泡液流出。在腌制过程中，部分可溶物会从食品内部随水分流出，而处于可溶状态的元素便可部分流出蜜饯，迁移到外部的腌制环境中。另外，与可溶物结合的砷元素亦可从食品内部迁移至外部环境中。由于蜜饯中的可溶性砷元素占比较高，且在后期未发生明显的状态变化，因此在蜜饯的腌制初期，砷元素即发生快速迁移流出，腌制 1 个月内砷的迁移趋于平衡。

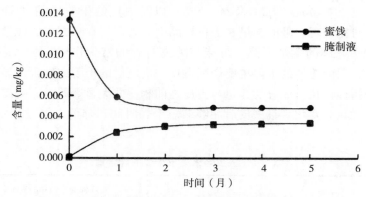

图 7-3　不同产地生姜样本中总砷含量（李文祥等，2018）

生姜蜜饯腌制是一个动态变化的浸泡过程，既有盐分的渗透，又有可溶性物质的大量流出。因此，在腌制过程中，生姜蜜饯中残留的砷可随可溶性物质的流出而从蜜饯内部向腌制液中迁移，并在达到动态平衡后保持相对稳定。

主 要 参 考 文 献

蔡璇，魏国彬，郑锡波，等，2015. 肇庆地区桂皮中重金属污染调查及其风险分析研究 [J]. 中国卫生检验杂志，25（21）：3739-2742.

郭松年，冯歆轶，刘惠，等，2011.10 种调料中有毒和必须金属元素含量分析 [J]. 中国调味品（8）：95-97.

姜荣利，2019. 阜新市食品中重金属污染监测 [D]. 沈阳：中国医科大学.

李文祥，周颂航，王灿，等，2018. 蜜饯腌制过程中重金属的迁移变化 [J]. 食品与机械，34（12）：60-63.

刘康书，罗天林，周富强，2019. 贵州山地特色农产品中铅与砷含量及污染评价 [J]. 食品工业科技，40（23）：189-192.

刘文明，安志信，井立军，等，2005. 辣椒的种类、起源和传播 [J]. 辣椒杂志（4）：17-18.

刘永华，2003. 肉桂种植与加工利用［M］. 北京：金盾出版社：1-2.

田雨，蔡璇，郑锡波，等，2014. 高效液相色谱-氢化物发生-原子荧光光谱法分析桂皮中砷形态化合物的检测方法［J］. 化学工程师，28（2）：19-21.

伍彩红，李倩，舒眉，等，2018. 广西、广东肉桂中 5 种元素的含量测定及分析［J］. 药物分析杂志，38（9）：1558-1567.

严辉，李鹏辉，濮宗进，2020. 基于 ICP-AES 的不同产地干姜无机元素分析与评价［J］. 食品工业科技，41（23）：240-246.

郑雅楠，樊明涛，郭松年，等，2012. 陕西花椒中有毒和必需金属元素含量分析［J］. 中国调味品，37（12）：88-91.

He M C，Yang J R，Cha Y，2000. Distribution，removal and chemical forms of heavy metals in polluted rice seed［J］. Toxicological and Environmental Chemistry，76（3）：137-145.

第八章　农产品生产加工中砷的风险管理

第一节　环境中砷的风险控制

农产品中的砷污染主要来源于生产环境及周边的土壤、水体、大气等，并随着生产、加工、储藏、运输等环节在农产品中转移或转化。因此对应的风险管理措施包括对环境中砷的源头削减、场地修复和环境保护。最佳风险管理策略的选择需要考虑核心目标，如策略的技术实用性、可行性和成本效益以及更广泛的环境、社会和经济影响。针对特定污染场地的最佳风险管理解决方案涉及 3 个主要阶段，包括问题识别、问题解决方案的开发（即修复技术）和场地管理。本节讨论了砷污染土壤和水体的各种修复技术。

一、砷污染土壤的修复

砷污染土壤的修复涉及物理、化学和生物方法，这些方法可以部分或完全去除土壤中的砷，或者降低其生物利用度，以最大限度地降低砷的毒性（图 8-1）。已经开发的多种

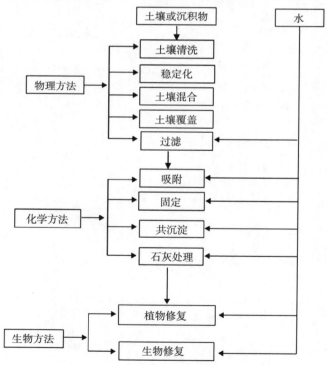

图 8-1　砷污染土壤、沉积物和水生生态系统的可行修复技术

(Mahimairaja et al.，2005)

修复重金属污染场地的方法也适用于砷污染土壤的修复。这些技术的选择和采用取决于砷污染的程度和性质、土壤类型、受污染场地的特征、操作成本、材料的可用性和相关法规。

（一）物理修复

修复重金属污染土壤的主要物理原位处理技术包括覆盖、土壤混合、土壤冲洗和固化。降低土壤中砷浓度最简单的方法是将污染土壤与未污染土壤混合，将砷稀释到可接受的水平。可以通过移入干净的土壤并将其与污染土壤混合，或者重新分配污染场地已有的清洁材料来实现。另一种稀释技术是通过深耕使受污染的表土与污染较少的底土混合，以降低地表砷污染，从而最大限度地降低植物吸收砷和放牧动物摄入砷的可能性。然而，在这些方法中，土壤中砷的总量将保持不变。

在欧洲，土壤清洗或提取也被广泛用来修复金属污染的土壤（Tuin et al.，1991），这种方法在一定程度上也适用于砷污染的土壤。Tokunaga 等（2002）评估了一种酸洗工艺，以从砷高度污染（2 830 mg/kg）的黑土中提取大部分砷，从而将砷对人类健康和环境的风险降至最低。用不同浓度的氟化氢、磷酸、硫酸、氯化氢、硝酸、高氯酸、溴化氢、乙酸、过氧化氢、3∶1 的氯化氢-硝酸或 2∶1 的硝酸-高氯酸清洗受污染的土壤。磷酸是最有效的萃取剂，当酸浓度为 9.4％时，萃取率可达 99.9％。硫酸也具有较高的提取率。再通过添加镧（La）、铈（Ce）和 Fe（Ⅲ）或它们的氧化物或氢氧化物，与浸出液中溶解态的砷形成不溶性络合物，从而进一步稳定酸洗土壤。镧和铈的盐和氧化物都能有效地固定土壤中的砷，浸出液中的砷含量小于 0.01 mg。

土壤清洗的成功与否很大程度上取决于污染土壤中砷的形态，因为它是基于在用酸和螯合剂洗涤过程中从土壤无机和有机基质中解吸或溶解砷的。土壤清洗适用于非现场土壤处理，也可以使用移动设备进行现场修复。然而，螯合剂的高成本和萃取剂的选择可能会将其限制在小规模的土壤清洗工作中。

砷污染的土壤可以被水泥、石膏或沥青等材料黏结成固体。然而，固化材料的长期稳定性存在一些问题。用干净的土壤覆盖受污染的场地是用来隔离受污染场地的，因为它比其他修复方法便宜。这样的覆盖层显然可以防止污染物通过土壤水的毛细运动向上迁移。应仔细评估受污染场地所需的覆盖层土壤类型或覆盖层的深度。相关的模拟试验证明，当地下水位距盖面超过 2 m 时，砷在 5 年内向上迁移可能小于 0.5 m。如果地下水位足够浅，足以向地表供水（大多数土壤中的水位为 1.5～2.0 m），则砷被溶解至地表的时间小于 10 年。他们还指出，当覆盖层的土壤类型不同于下面的污染土壤时，粗糙的覆盖层在减少污染物通过毛细运动上升方面非常有效，因此覆盖层应始终设计成包含较粗糙土壤类型的层，以破坏毛细结构的连续性。

（二）化学修复

基于化学反应的修复技术越来越受欢迎，主要是因为它的成功率很高。目前已经开发了许多方法，主要涉及吸附、固定化、沉淀和络合反应。然而，对于大面积的修复，这种方法往往花费高昂。重金属污染土壤的化学修复通常采用两种方法：一种是使用无机和有机土壤改良剂固定重金属，以降低其生物可利用性；一种是活化重金属，随后通过植物吸收（植物修复）或土壤清洗去除。化学固定主要是通过添加土壤改良剂，在污染场地吸附或沉淀砷。通过化学和生物固定降低土壤中重金属的生物可利用性，可以最大限度地减少植物吸收和淋溶到地下水中的重金属（Bolan et al.，2003）。使用一系列无机化合物（如石灰）、磷肥（如磷矿石）和碱性废料以及有机化合物（如生物固体）固定重金属已经引起了人们的关注（Basta et al.，2001）。根据来源的不同，磷化合物的应用可以使砷直接吸附在这些材料上，促进砷络合物的形成，或者可以通过竞争诱导砷的解吸。与传统的土壤清洗修复方法相比，这种方法更经济，破坏性也更小（Bolan et al.，2003）。Boisson等（1999年）评估了土壤添加剂在降低砷移动性方面的有效性。他们的研究结果表明，用绿柱石、钢丸及其组合对土壤进行改良时，砷的提取量最低。虽然羟基磷灰石的加入降低了镉、铅等重金属的迁移率，但增加了砷的迁移率，这主要是由于 $H_2PO_4^-$ 和 AsO_4^+ 对吸附位点的竞争。因此，在多种重金属污染的部位使用羟基磷灰石要谨慎。另外，尽管有资料显示石灰化增加了砷的固定并减少了植物对砷的吸收（Jiang et al.，1994；Tyler et al.，2001），石灰化并没有被广泛地用来降低土壤中砷的毒性。Bolan 等（2003）在传统的农用石灰之外，大量考察了其他石灰化材料作为固定剂在降低土壤中一系列重金属的生物可利用性方面的潜在价值。发现向砷污染土壤中添加石灰会导致形成砷酸氢钙，这种化合物的溶度积大于在大多数土壤中容易形成的铁和铝的砷酸盐，从而减少了土壤中可被植物吸收和可被淋溶的可溶性砷。

常用的砷固定土壤改良剂还有离子交换树脂、硅胶、石膏、黏土矿物如膨润土、高岭土和沸石、绿砂等。这些材料是天然存在的，无毒，具有很大的比表面积和大量的表面电荷，成本低，应用方便。强风化氧化性土壤对砷有很强的亲和力，它能够在每千克土壤中保留近5 000 mg 的砷，具有作为活性屏障的可能性。

采用亚铁盐原位生成矿物相以固定砷也是一种很好的化学固定法。Xie 等（1998）在我国的砷污染土壤上进行的田间试验结果表明，铁（$FeCl_3$，25 mg/kg）或锰（MnO_2，25 mg/kg）显著地降低了土壤中水溶性砷的含量（24%～26%）和总砷含量（17%～82%），使水稻生长优于对照，从而提高了水稻产量，降低了稻壳中的砷含量。这归因于 As（Ⅲ）被 MnO_2 氧化成 As（Ⅴ），As（Ⅴ）又被铁和锰的氧化物强烈吸附。Naidu 等（2008）评估了化学固定化技术在澳大利亚野外条件下砷污染场地修复中的潜在价值。该场地此前是铁路路段，曾被证明受到了砷的污染。土壤中的砷含量超过了生态水平（20 mg/kg）和健康调查水平（100 mg/kg），并且是水溶性的，这表明大量的砷可能在该场地移动。污染的历史根源可能是砷基除草剂的广泛使用。接触途径分析表明，高流动性砷对地下水和生活在该地区的居民都构成了威胁。根据澳大利亚砷含量为 500 mg/kg 土壤的工业指南，受污染的场地被确定为工业发展区。管理受污染土壤的选择包括原地清理、挖掘和运输到填埋场或应用基于风险的土地管理策略。原地清理和挖掘以及运输到填埋场的费用都非常高，从500 000美元到1 000 000美元不等。因此他们通过化学固定降低砷的流动性。该反应需要土壤中有氧气，还会产生大量的酸，这可能会对砷在缓冲性差的土壤中的固定产生反作用。增加的酸度可以通过使用石灰进行调节。土壤的氧化还原条件也影响砷的形态。在仔细的实验室研究之后，将铁、锰、石膏的混合物作为稳定化学品。如图8-2 所示，混合化学品的应用导致了可移动砷的含量的显著下降。随后有关处理土壤老化问题的研究表明，砷引发的风险被完全消除。使用这种策略的总成本不超过100 000美元，从而为客户节省了大量资金。

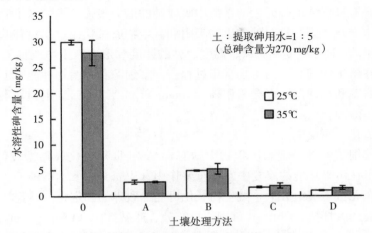

图 8-2　土壤处理和培养温度对地下污染土壤水溶性砷含量的影响（Naidu et al.，2008）
0. 对照土壤　A. 铁　B. 铁＋石灰　C. 铁＋锰　D. 铁＋锰＋铝

因此，总的来说，砷的固定主要可通过以下 3 个途径：①改变土壤的物理性质以使砷更紧密地结合并因此降低其生物可利用性。②通过吸附到矿物表面上或作为离散的不溶性化合物沉淀来化学固定砷。③将污染的土壤与未污染的土壤混合，从而增加砷结合位点的数量。

（三）生物修复

1. 生物修复

被有机化合物如杀虫剂和碳氢化合物污染的土壤的生物修复技术被广泛接受，其中天然或引入的微生物或生物材料，如堆肥、动物粪便和植物残余物被用来降解或转化污染物。人们越来越有兴趣将这种技术应用于重金属污染的土壤的修复，特别是用于经历生物转化的重金属污染土壤的修复。尽管它有局限性，但由于其成本效益，这项技术一直受到人们的关注。生物修复的独特之处在于，它主要依赖于自然过程，除微生物培养物和生物废物之外，不一定需要添加化学改良剂。由于砷在土壤中会发生生物转化，因此可以使用适宜的微生物来修复砷污染土壤。现有的和正在开发的原位生物修复技术可分为以下两大类。

（1）内在生物修复

是指维持微生物活性所需的基本物质，使得天然存在的微生物群落能够降解目标污染物，而不需要人为干预，该技术更适用于大面积低砷污染土壤的修复。

（2）工程生物修复

该技术依赖于各种方法来加速原位微生物降解速率，是通过添加营养物质或电子供体或受体来优化环境条件，从而促进现有微生物群落的增殖和活性来实现的，它适用于高浓度砷污染的局部场地。

通过人为干预，有 3 种方法可用于砷污染土壤的工程生物修复：①通过生物吸附（生物累积）将砷固定到微生物细胞中。②毒性高的 As（Ⅲ）可被氧化成毒性较低的 As（Ⅴ）。③砷化合物可以通过挥发作用从土壤中被除去。

①生物富集

微生物从含有极低浓度砷元素的基质中吸收砷的能力很强。生物富集通过两个过程进行，即微生物本身及其副产物对砷的生物吸附和微生物通过代谢过程对砷的主动和被动生理吸收。已知土壤 pH、湿度和通风、温度、砷的浓度和形态、土壤改良剂和根际环境等因素会影响砷在微生物细胞中的生物富集过程。许多细菌和真菌物种能够生物富集砷，一些藻类物种（岩藻和小球藻）也会累积砷（Maeda et al.，1985）。生物富集技术经常被用来从水环境中去除砷。

②微生物氧化还原反应

已发现异养细菌可将土壤和沉积物中的有毒 As（Ⅲ）氧化成毒性较低的 As（Ⅴ），因此异养细菌可在污染环境的修复中发挥重要作用（Wakao et al.，1988）。由于 As（Ⅴ）被牢固地吸附在无机土壤组分上，微生物氧化可能导致砷的固定化。芽孢杆菌属和假单胞菌属的菌株和粪产碱杆菌（Phillips et al.，1976）、产碱杆菌（Osborne et al.，1976）被发现能够将 As（Ⅲ）氧化成 As（Ⅴ）。另外，异化金属的还原有可能成为污染环境工程生物修复的有益机制。将 As（Ⅴ）还原为 As（Ⅲ）和将 SO_2^- 还原为硫化氢的金黄色脱硫菌导致了硫化亚砷（As_2S_3）沉淀的生成（Newman et al.，1997）。亚砷酸盐比 As（Ⅴ）更易溶解，所以可使用土壤中的细菌将 As（Ⅴ）还原成 As（Ⅲ），然后将其沥滤。

③砷的甲基化

多种微生物可将无机砷转化为金属氢化物或甲基化形式。由于它们的沸点低、蒸气压高，这些化合物易于挥发并且容易流失到大气中（Braman et al.，1973）。甲基化被认为是砷挥发和损失的主要生物转化途径。如前所述，有关砷在土壤和水体系统中的生物甲基化已有详细记录，这对控制砷在环境中的迁移和砷的分布来说非常重要（Gao et al.，1997；McBride et al.，1971）。

产甲烷菌通常存在于污水污泥、淡水沉积物和堆肥中，能够将无机砷甲基化成挥发性的二甲基砷（DMA）。砷酸盐、As（Ⅲ）和 MMA 可作为 DMA 形成过程中的底物。无机砷甲基化与甲烷的生物合成途径相结合，可能是砷去除和解毒的一种机制。除了细菌，某些土壤真菌也能够挥发砷和甲基砷化合物，其衍生自无机和有机砷。当用无机砷和甲基化砷除草剂改良土壤时，会产生二甲基砷和三甲基砷。负责使砷挥发的生物体来自不同的环境，这表明许多物种具有产生甲基化砷的能力（Woolson，1977）。

2. 植物修复

植物修复被认为是生物修复的一个分支，该技术使用植物及其相关的根部微生物群落来去除、控制、降解污染物（Raskin et al.，1997）。该技术适用于所有受植物影响的生物、化学和物理过程，这些过程有助于污染介质的修复。植物修复涉及土壤-植物体系，在该体系中，积累重金属的植物生长在受污染的场地，被认为是一种经济和环境上都可行的修复重金属污染体系的技术。然而，该技术的有效性是可变的，并且高度依赖于场地。

在植物修复中，将植物作为生物泵，利用太阳能将土壤中的水和污染物移到地上部，并将光合作用的一些产物以根系分泌物的形式返回到根部，参与污染物的迁移。蒸腾作用是植物修复的驱动力。从介质中除去水分，有助于减少侵蚀、径流和沥滤，从而限制污染物向场外的移动。一些污染物被蒸腾流吸收后，在蒸腾流中可能被代谢，并且最终可以被挥发。通过去除土壤剖面中多余的水分，植物根系还可以创造一个有氧环境，降低重金属的流动性，增强微生物的活性。植物的根渗出物和腐烂的根物质能够提供碳源来刺激根区的微生物的活性。

植物修复技术已被分为多种类别，包括植物稳定化、根过滤和植物提取。在植物稳定化中，蒸腾和根系生长被用于固定污染物，包括通过减少淋溶、控制侵蚀、在根区创造有氧环境和向结合砷的基质中添加有机物。它包括在永久保留的受污染场地上建立耐金属的植被。砷在根区的稳定可通过添加有机质和土壤改良剂来实现。在根过滤中，可用根来吸附或吸收砷，然后通过收获整株植物将砷去除。在这种情况下，砷耐受性和砷向地上部的转移在很大程度上是不相关的。在植物提取中，植物可以在受污染的土壤上生长，地上部（及其所含的金属）可以被收获。在这种情况下，只有当土壤砷含量非常高时，才需要植物具有耐受性，但是它们需要在地上部积累较高浓度的砷。植物提取可重复种植植物，直到土壤中的砷浓度达到目标水平。

某些植物被称为超积累植物（Brooks et al.，1977），在其地上部积累了过量的重金属，这些植物甚至可能积累非必需的、对植物有毒的重金属。植物中积累砷的最低浓度超过1 000 mg/kg（干重，即 0.1%）时才能被归类为砷超积累植物（Ma et al.，2001）。金属的超积累涉及可溶性重金属物质通过根系被转移到地上部，并以无毒的形式储存在地上部，该方法必然需要植物对高浓度重金属的耐受性。

Pickering 等（2000）利用包括 X 射线吸收光谱在内的多种技术研究了砷在印度芥菜中积累的生物学机制，并确定了砷在芥菜中的生化转运机制。砷以含氧阴离子 [As（V）和 As（Ⅲ）] 的形式被根系吸收，可能通过 $H_2PO_4^-$ 转运机制，一小部分通过木质部被输出到地上部。芥菜进入芽期后，砷以三硫代亚砷酸盐复合物的形式保留在根部，这与在芽中发现的砷和三硫代亚砷-谷胱甘肽中发现的砷没有区别。因此，硫代化合物供体可能是谷胱甘肽或植物螯合剂。向水培培养基中加入二巯代砷螯合剂二巯基丁二酸盐会导致叶片中砷含量增加 5 倍，而总砷积累量仅略有增加。这表明向砷污染土壤中添加二巯基丁二酸可能促进砷在植物嫩芽中的生物富集，植物中砷的向上转移是有效的植物修复策略的先决条件。然而，除非植物能够合成二巯基丁二酸，否则该化合物的高成本将是一个经济问题。

目前大约有 400 种已知的陆生植物能够超积累几种重金属中的一种或多种。然而，有关砷超积累植物的报道较少。Ma 等（2001）发现了一种砷超积累植物梯叶蕨，它是一种陆生蕨类植物，能从土壤中吸收大量的砷 [23 000mg/kg（以干重计，下同）]。据报道，银蕨也从砷浓度为 135 mg/kg 的土壤中吸收了高达 8 350 mg/kg 的砷（Francesconi et al.，2002），银蕨生长在热带和亚热带地区，并广泛分布在泰国高降水量的地区。我国的沙棘也能从土壤中吸收大量的砷，其砷含量随着生育期的延长而增加。移栽 8 周后叶片砷含量为 6 000 mg/kg，移栽 20 周后增加到 7 230 mg/kg。砷浓度随叶龄的增加而增加，老叶的砷含量高达 13 800 mg/kg。植物对砷的吸收与 $H_2PO_4^-$ 的吸收机制有关，推测砷（V）可能以 $H_2PO_4^-$ 类似物的形式被吸收（Pickering et al.，2000）。在水培试验中，Wang 等（2002）研究了 As（V）和 $H_2PO_4^-$ 对砷和磷的吸收和分布的相互作用以及砷在蜈蚣草中的形态分布，他们发现植物叶片中的砷含量高达 27 000 mg/kg，叶片砷含量与根部砷含量之比在 1.3~6.7。增加磷酸盐的供应显著抑制砷的吸收，对根部砷浓度的影响大于对茎部砷浓度的影响。他们的结论是 As（Ⅴ）经 $H_2PO_4^-$ 转运蛋白被蜈蚣草吸收，被还原成 As（Ⅲ），并主要以 As（Ⅲ）的形式存在于复叶中。在粉煤灰改良的土壤中，Qafoku 等（1999）观察到 $H_2PO_4^-$ 取代了 As（Ⅲ）和 As（Ⅴ），从而增加了砷在土壤中的流动性。因此，$H_2PO_4^-$ 诱导的植物吸收砷可用在对砷污染土壤的植物修复中。

Davenport 等（1991）观察到高比例的磷酸一铵（MAP）或磷酸一钙（MCP）肥料显著增加了从土壤中浸出的砷的量。Peryea（1991）将高比例的 MAP 或 MCP 肥料与果园土壤混合，砷从受砷酸铅污染的土壤中的释放与磷的输入水平呈正相关关系，但不受磷源的显著影响。砷的溶解度受特定的 $H_2PO_4^-$ 和 AsO_4^{3-} 交换的调节，而 $H_2PO_4^-$ 的溶解度受亚稳态磷矿物平衡的控制。有结果表明，在这些土壤上施用磷肥有可能大大促进砷的向下移动（Peryea et al.，1997）。因此，由于磷酸盐输入而增强的砷的移动性可导致其向地下水中的浸出，特别是在缺乏活性植物的情况下。因此，利用植物从土壤中去除砷的方法需要考虑磷酸盐的多重影响。

与其他修复和金属提取技术相比，植物修复技术具有几个优点。植物修复技术的成本比其他技术（如土壤清除、封顶和非原位清洁）低得多。其他优势包括提高场地土壤的最终肥力、"绿色"技术的高公众吸引力、能产生少量可带来利润的次要产品等。然而，一些基本的植物生理过程，如低生物量和浅根生长，仍然限制了植物修复技术的应用，只有表面污染物才能被清除或降解，且对污染物的清除仅限于适合植物生长的区域。最重要的是，场地的修复可能需要很长时间。植物修复只有在其运行过程和终点符合环境法规的前提下才能使用。

二、水体中砷的去除

如前所述，砷对人体的毒性大多数情况下是由砷污染的水的使用引起的，因此人们一直在大力研究开发从水体中去除砷的技术。目前在家庭和社区层面都有大量从水中去除砷的方法。这些方法主要有：①基于凝聚、沉淀或过滤步骤除去固相砷。②通过离子交换、渗透或电渗析除去溶液相砷。③将 As（Ⅲ）氧化成 As（Ⅴ），然后通过吸附或沉淀作用除去。④利用微生物的生物吸附。⑤利用水生植物的根过滤。

(一)物理方法

过滤、吸附和化学沉淀是从水体中去除砷的最常用的物理化学方法。水中的微粒砷可以通过简单的过滤被除去，含水的砷可以通过吸附或沉淀然后被过滤除去。

1. 过滤

大多数去除砷的家庭饮用水处理系统涉及过滤。例如，已经发现涉及多孔陶瓷（Neku et al.，2003）和砂滤器的 Pitcher 过滤器能够有效地从水中去除砷。多孔纳滤阴离子交换膜能够去除水中约 90% 的 As（Ⅴ）（约 316 $\mu g/L$）。虽然该技术可以实现高效率的砷的去除，但它需要高的初始投资和高的运营、维护成本。

2. 吸附

许多化合物，包括活性氧化铝、涂铁砂和离子交换树脂被用来吸附砷。在大多数地质环境中，氧化亚铁（Fe_2O_3）带有表面正电荷，优先吸附砷。类似地，氢氧化铝［Al（OH）$_3$］

和硅酸盐黏土也能吸附大量的砷。Yoshida 等（1976 年）研究了使用"棕色凝胶"从水中去除砷，"棕色凝胶"是一种含有 6%氢氧化铁［$Fe(OH)_3$］的硅胶，Yoshida 等观察到 As（Ⅲ）和 As（Ⅴ）的最大吸附量（17 g/kg）出现在 pH 为 6 时。用次氯酸钠（NaOCl）在 pH 3.5～5.0 条件下处理硫酸亚铁（$FeSO_4$）制备的合成铁絮凝物［$Fe(OH)_3$］能够通过共沉淀从地热排放水中除去大量的砷。同样，Yuan 等（2002）在实验室和野外条件下，研究了几种经铁处理的天然材料（如经铁处理的活性炭、经铁处理的凝胶和涂有铁氧化物的砂）在去除饮用水中砷方面的潜在价值。铁氧化物覆膜砂对 As（Ⅲ）和 As（Ⅴ）的去除率较高（＞94%）。当 pH 从 5 升到 9 时，As（Ⅴ）的吸附略有下降，但 As（Ⅲ）的吸附保持相对稳定。金伯利岩尾矿（Dikshit et al.，2000）和硫化铁矿物黄铁矿和磁黄铁矿（Han et al.，2000）也是从水中提取 As（Ⅲ）和 As（Ⅴ）的非常有效的吸附剂。

Hlavay 等（1997）开发并测试了用于砷提取的新型吸附剂。使用氧化铝（Al_2O_3）或二氧化钛（TiO_2）将多孔载体材料造粒，然后将氢氧化铁［$Fe(OH)_3$］新沉淀到这些颗粒的表面。将所得的氢氧化铁浸渍的多孔吸附剂在室温下干燥并填充到离子交换柱中。发现这些柱子能去除水中 85%以上的砷。亚砷酸根离子主要通过化学反应吸附在氢氧化铁的表面。

Das 等（1995）开发了一种简单的家用装置，从用于饮用和烹饪的地下水中除去了砷，展示了吸附技术在去除砷方面的实际应用。该系统由一个过滤器、过滤片和两个陶罐或塑料瓶组成。该过滤片含有 Fe（Ⅲ）盐、氧化剂和活性炭。该过滤器主要由净化后的粉煤灰和黏结剂制成。当将过滤片加入水中（每 20 L 水加 1 片）时，亚砷酸根离子被催化氧化成砷酸根离子。Fe（Ⅲ）存在条件下的 As（Ⅴ）离子随后被吸附到活性炭和水合氧化铁（$Fe_2O_3 \cdot 3H_2O$）上。除了砷酸根离子之外，亚砷酸根离子也被 Fe（Ⅲ）氧化物强烈吸附，静置约 1 h，然后过滤。该提取系统的分析结果显示，水中总砷的 93%～100%被去除。

Khan 等（2000）评估了由陶瓷过滤器（当地人称为"3-kalshi"）组成的简单三罐过滤器系统从地下水中去除砷的效率。在"3-kalshi"组件中，第一个"kalshi"包含铁屑和粗沙，第二个"kalshi"包含木炭和细沙，第三个"kalshi"是过滤水的收集器。该系统已被证明能够将水中的砷从初始水平 1 100 $\mu g/L$ 降低到 2 $\mu g/L$（标准检出限以下），同时溶解的铁浓度也相应降低（从 6 000 $\mu g/L$ 到 200 $\mu g/L$）。

Hussam 等（2007）发明的 SONO 过滤器也采用两步过滤，第一步基于复合铁基体（CIM）与砷的表面络合反应，砷被吸附截留在 CIM 上从水中分离出来，第二步采用木炭、河沙和砖片过滤除去其他小颗粒污染物。经检测，该发明完全采用物理方法除砷，除砷后的废材料为自成一体的砷酸铁水泥，不会在雨水中浸出，它的成本仅为每 5 年 40 美元，每小时生产 20～30 L 安全饮用水，满足 1～2 户家庭的日常饮用和烹饪需要。目前已得到 WHO 和孟加拉国当地政府机构的认可，持续提供了该国超过 10 亿 L 的安全饮用水。

同样，Kim 等（2004）发现，具有较大的表面积（307 m^2/g）、较高的孔容（0.39 m^3/g）、均匀的孔径（3.5 nm）和连通系统的介孔氧化铝能够从生活用水中去除砷。介孔氧化铝在 pH 3.0～7.0 范围内不溶且稳定。砷的最大吸附量是常规活性氧化铝的 7 倍［As（V）为 121 mg/g；As（Ⅲ）为 47 mg/g］，与传统的氧化铝相比，吸附离子的速度也很快，在不到 5h 内完成吸附（大约 2d 达到初始浓度的一半）。Fryxell 等（1999）使用固定在介孔二氧化硅上的金属螯合配体作为一种新型阴离子结合材料来去除水中的砷。从含砷量超过 100 mg/L 的溶液中几乎完全去除了砷。

3. 沉淀

可以使用铁和铝化合物通过沉淀或共沉淀来去除砷酸盐。Gull 等（1973）在 pH 为 5.0～7.5 的条件下，使用硫酸铁［$Fe_2(SO_4)_3$］完全去除了水中的 As（V）。水解金属盐，如氯化铁（$FeCl_3$）和明矾［$Al_2(SO_4)_3$］已被证明能有效地通过凝聚作用去除砷。Hering 等（1997 年）实现了从砷的初始浓度为 100 $\mu g/L$ 的水中去除 90% 以上的 As（V）。Shen（1973）通过向水中加氯气（Cl_2）和三氯化铁（$FeCl_3$）来去除饮用水中的砷。氯气将 As（Ⅲ）氧化为 As（V）并随后通过沉淀去除砷被认为是这一过程的机理。

Krishna 等（2001）用 Fenton 试剂（硫酸亚铁铵和 H_2O_2）处理饮用水，实现了从初始浓度为 2 000 $\mu g/L$ 的饮用水中去除砷，使饮用水中砷的含量低于美国 EPA 最大允许限值 50 $\mu g/L$。这种方法简单，成本效益高，适合在社区使用。Mamtaz 等（2000）通过小规模的试验证明，水中的 As（Ⅲ）可以通过与地下水中天然存在的铁共沉淀而被去除，去除率高达 88%。化学沉淀的一个优点是，它既可用于家庭，也可用于社区。这些材料很容易获得，通常也不贵。然而，有毒污泥的处置存在较多问题，需要训练有素的人员来操作。

(二)生物方法

1. 利用水生植物进行植物修复

利用水生植物可以很容易地对受砷污染的水体进行植物修复，因为与土壤不同，水中的大部分砷可供植物吸收。在土壤中，植物必须先溶解根际的重金属，然后应该具有将其运输到地上部的能力（Brooks et al.，1998）。使用淡水维管植物来从水中除去重金属的方法早已确立。使用这些植物修复受污染的水有两种方法：第一种方法涉及自由漂浮植物（如水葫芦）的单种池塘培养。植物积累重金属达到平衡状态后将它们从池塘中取出。第二种方法是在滤床中培育生根的新生物种。根际微生物通常能促进这些系统中重金属的去除。根际过滤通常涉及植物在静止或流动的水环境中的培养，植物根能从水中吸收重金属（Brooks et al.，1998）。用于根际过滤的理想植物应该具有较大的根系，并且能够在较长的时间内去除重金属。

Robinson 等（2004）进行了一项实地调查，在位于新西兰北岛中部地区的陶波火山带（TVZ）内的几个地点采集了一些陆生和水生植物样本。有研究表明，在 TVZ 的一些水稻和相关土壤中，砷的浓度较高（Liddle，1982）。TVZ 已知的砷污染源包括：①自然地热活动产生的砷。②地热钻孔将富含砷的水释放到水生生物圈中。③含砷基杀虫剂的径流。④来自金利斯（Kinleith）纸浆和造纸厂等木材处理场所的砷。⑤添加到湖泊中以控制杂草的砷，例如，添加到罗托鲁瓦湖的偏亚砷酸钠（$NaAsO_2$）。

图 8-3 给出了 TVZ 受测试的所有植物的平均砷浓度。数据清楚地显示了水生植物和陆生植物砷累积的差异。水生植物（分组在图 8-3 的左侧）中，砷的最高浓度达 4 000 mg/kg。

相比之下，图 8-3 右侧的陆生植物显示出低得多的砷浓度。所有受测试的水生植物以干物质为基础积累了大于 5 mg/kg 的砷，并且没有一种被测试的陆生植物的砷浓度超过 11 mg/kg。即使生长在含砷 89 mg/kg 的土壤中，大多数受测试的陆生植物体内的砷浓度也低于 0.5 mg/kg 的检测限。

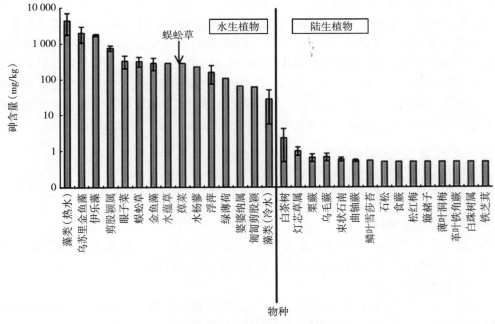

图 8-3　火山区植物的砷浓度
(Robinson et al.，2006；Mahimairaja et al.，2005)

Outridge 等（1991）在综述水生植物对元素的超积累时，注意到了水生植物和陆生植物之间重金属积累的差异。虽然他们没有对这种现象做出解释，但水生植物和陆生植物之间砷积累的差异有多种原因。例如，在陆生系统中，砷在根际的溶解是必要的，以允许植物根吸收这种元素，并将其运输到植物的地上部。植物在水环境中生长时重金属已经以生物可利用的形式存在了（Brooks et al.，1998）。

2. 微生物去除砷

生物吸附和生物甲基化是利用微生物从水中去除包括砷在内的重金属的两个重要过程。

生物吸附过程通常在重金属结合方面缺乏特异性，并且对周围环境条件（pH、溶液组成和螯合剂的存在）等敏感。当溶液中存在高浓度的其他金属（螯合物）和螯合剂时，基因工程微生物表达金属硫蛋白和金属特异性转运系统，例如大肠杆菌在选择性积累特定重金属方面是成功的（Chen et al.，1997）。这些生物还具有从受污染的土壤和沉积物中去除特定重金属的潜在价值。

生物吸附技术是去除水中砷的最有应用前景的技术之一。Loukidou 等（2003）研究了产黄青霉从废水中去除 As（V）的潜力。他们用常用表面活性剂（十六烷基三甲基溴化铵和十二烷基二甲基叔胺）和阳离子聚电解质对产黄青霉进行了预处理，发现可去除水中大量的 As（V）。在 pH 为 3 时，改性产黄青霉的去除能力为 33.3～56.1 mg/g（干重）。

生物转化技术是从水生介质中除去砷的最可靠的生物修复技术。已知某些真菌和细菌能将砷甲基化成砷的气态衍生物。Bender 等（1995）研究了重金属的生物转化在修复重金属污染的水方面的商业应用。他们使用微生物垫来检验重金属的去除和转化，所述微生物垫是由蓝藻与来自受污染场地的沉积物（接种物）结合而成的。当含有高浓度重金属的水通过微生物垫时，能从水中快速除去重金属。微生物垫可耐受高浓度的有毒重金属，如镉、铅、铬、硒和砷（最高达 350 mg/L）。微生物垫对有毒重金属的固定归因于细胞表面重金属化合物的沉积以及对微生物垫周围水溶性砷环境的化学改性。大量与重金属结合的多糖是由微生物垫中的蓝细菌产生的。表层光合产氧和深层异养耗氧导致了氧化还原条件的急剧变化。此外，硫还原细菌定居在下层，清除并利用重金属的硫化物。因此，根据微生物垫各微区的生化特性，螯合金属可以被氧化、还原并以硫化物或氧化物的形式沉淀。

三、多尺度联合风险管理

在制定砷对环境污染的修复策略时，需要考虑许多具有挑战性的问题。包括以下内容：

（一）砷污染的复杂性

砷污染的严重程度和持久性受介质特性（如场地水地质、土地和水的使用）、源项（风险源）的化学形式和物种形成过程以及目标生物等因素的影响。

（二）多化学物种的存在

砷经历了几个生物地球化学转化过程，导致了系列化学物种的产生，这些化学物种的生物地球化学反应、生物可利用度和生物毒性各不相同。

（三）地下水资源砷污染的范围和程度

在孟加拉国，地下水中的砷来源于印度恒河数百万公顷冲积平原的母岩物质。

（四）受污染资源的多种用途

水具有饮用、烹饪、灌溉等用途，土壤被用于农业生产等活动。因此，制定或设计包括源头避免、源头减少和修复在内的综合风险管理策略是非常重要的。源头避免是指避开相对于某些地质层而言污染最严重的地下水源头，可以通过这种做法，将土壤和水资源的砷污染引起的风险降至最低。例如，在孟加拉国，作为从深层抽水的替代方式，浅井越来越受欢迎。当然，这些浅井的卫生对于避免胃肠炎和其他病原性传染病来说是至关重要的。另一策略是减少污染源，如果污染源是人为的，例如垃圾填埋场或类似的场地污染源，那么减少污染源就很容易实现。但是，正如前面所讨论的，在大多数地区，地下水的砷污染很大程度上是由地质原因造成的，减少污染源可能不是管理砷污染的最佳选择。

受砷污染的土壤和水资源的修复需要短期和长期的解决方案。因此，修复战略应针对多尺度多层面，即从家庭层面到社区和区域层面，不同层面代表不同的复杂程度。根据系统的效率和成本效益，修复工作在某些水平上可能需要多种技术的组合。图 8-4 描述了与资源最终用途相关的不同规模的砷污染土壤和水资源的潜在修复技术。例如，在最不复杂的家庭层面上，可以使用仅涉及简单过滤（吸附）系统的修复策略，从用于饮用和烹饪的水中去除砷，而在更复杂的社区层面上，可以使用更复杂的修复策略，应利用更先进的沉淀技术从社区供水中去除砷，从而实现成本分担和有效的系统管理。为了处理分配到社区之前需要处理的大量地下水，必须采用更复杂的提取方法，这可能需要一系列的过滤-吸附（沉淀）设置。

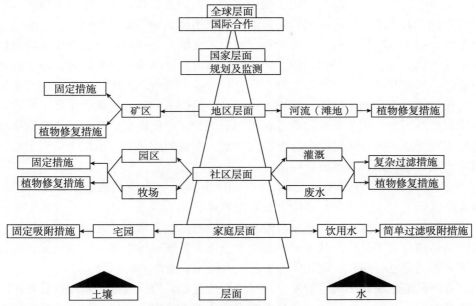

图 8-4　砷污染土壤和水生生态系统的多尺度风险管理（Mahimairaja et al.，2005）

即使在社区范围内，处理受影响的土壤时，特别是用于粮食生产的土壤时，情况也变得更加复杂。在这种情况下，土地利用是需要解决的一个非常重要的问题。例如，在公园中，施用氧化亚铁（Fe_2O_3）含量高的土壤改良剂可以降低砷污染的风险。但在牧场或稻田中使用可能使食物链受损。在这种情况下，可行的方法是在初始阶段（1～2 年）应用植物修复以去除生物可利用部分，随后在计划使用时间之前进行土壤改良。非常重要的一点是，应该针对污染程度制定相应的监测计划。一个成功的砷污染环境修复方案应着眼于综合的治理方法，可能包括物理、化学或生物机制的多种组合。

此外，综合修复技术应该提高效率，从而缩短达到目标砷水平所需的时间。例如，植物修复是一种有前途的新技术，它更经济，并且已被证明在大规模修复土壤和水资源方面是有效的。此外，它还将为环境增加"绿色"价值（美学）。如图 8-4 所示，将物理、化学和生物修复措施与植物修复相结合，可促进植物对砷的吸收，可以通过微生物和化学固定，更有效地将砷的生物毒性降至最低，并且可以通过诱导生物甲基化和随后从系统中挥发而消除砷。

四、农产品中砷的具体风险管理措施

（一）农田中砷的风险管理措施

根据《土壤环境质量农用地土壤污染风险管控标准》（GB 15618—2018）中划定的农用地土壤污染风险筛选值和管制值，将土壤污染风险分为无风险或风险可忽略、风险可控和风险较大3种。农用地土壤污染风险筛选值的基本项目为必测项目，包括镉、汞、砷、铅、铬、铜、镍、锌；其他项目为选测项目，由地方环境保护主管部门根据本地区土壤污染特点和环境管理需求进行选择；农用地土壤污染风险管制值项目，包括镉、汞、砷、铅、铬。针对不同的污染风险类型应实施相应的管理措施，具体为：①当土壤中污染物含量等于或者低于农用地土壤污染风险筛选值时，农用地土壤污染风险较低，一般情况下可以忽略不计；高于风险筛选值时，可能存在农用地土壤污染风险，应加强土壤环境监测和农产品协同监测。②当土壤中镉、汞、砷、铅、铬的含量高于风险筛选值、等于或低于风险管制值时，可能存在食用农产品不符合安全指标等土壤污染风险，原则上应当采取农艺调控、替代种植等安全利用措施。③当土壤中砷、镉、汞、铅、铬的含量高于风险管制值时，食用农产品不符合质量安全标准等农用地土壤的污染风险高，且难以通过安全利用措施降低食用农产品不符合质量安全标准等农用地土壤的污染风险，原则上应当采取禁止种植食用农产品、退耕还林等严格管控措施。

《中华人民共和国农产品质量安全法》（2018年修正）也明确规定，根据农产品品种特性和生产区域大气、土壤、水体中有毒有害物质状况等因素，认为不适宜特定农产品生产的，提出禁止生产的区域。禁止在有毒有害物质超过规定标准的区域生产、捕捞、采集食用农产品和建立农产品生产基地。土壤中重金属含量超出标准规定的限量值，则被视为污染土壤，不适宜进行粮食、蔬菜等的生产，有退出农业生产的风险。

然而农产品重金属超标风险的发生是一个系统过程，由风险源、暴露途径及风险受体等多个环节组成。在对土壤风险筛选分级时也应考虑土壤中重金属的形态及有效价态、农作物品种对重金属积累效率的差异等多方面的因素，可通过低积累作物阻隔等管控措施进行风险管理。

（二）水产品中砷的风险管理

为保障水产品质量安全，我国积极制定了各项水产品法律法规和技术标准，以对水产品砷的含量测定及控制进行规范化管理。

降低水产品中砷的含量首先要控制外源环境，保证生产养殖的环境质量，保证养殖区安全的水质环境，减少污水的排放；对已经污染的水域进行修复，消减水底沉积物及水中砷及其他重金属的含量；捕捞等渔业活动应避开已经受到较严重污染的水域，以保证原材料的安全。避免通过生物浓缩使砷或其他重金属从环境迁移到人体。

对于需要进行加工或运输的水产品，尤其要防止加工或运输过程中的污染。水产品加工用的淡水和海水必须分别符合《生活饮用水卫生标准》（GB 5749—2006）和《海水水质标准》（GB 3097—1997），砷及其他污染物严格要求不得超标；在生产加工过程中应严格执行HACCP体系、良好生产规范和卫生标准操作程序等操作规范；接触水产品及其加工产品的工具、容器、设备和管道必须由无毒无味、不含砷等有毒元素的耐腐蚀材料制成，以避免清洗剂和盐水等的腐蚀导致砷等有害物质的溶出，防止污染（戴文津等，2010）。

第二节　农产品生产加工中砷的风险评估

重金属元素在环境和生物体中迁移转化的最大特点是不能或不易被生物体降解转化后

排出体外，只能沿食物链逐级传递，通过生物放大作用在生物体内累积，当累积到较高含量时，就会对生物体产生毒性效应，并且毒性随形态而异。重金属元素的这一特性，使人们认识到，要有效地减轻重金属对人体健康的危害，就必须避免或尽量地减少有毒重金属进入食物链。

由于我国社会经济的快速发展，土壤重金属污染日益成为一个严峻的环境问题，尤其是在工农业地区。根据我国环境保护部和国土资源部 2014 年土壤污染调查国家公报，部分地区土壤污染严重，耕地土壤质量尤其令人担忧。我国土壤总超标率［我国土壤环境质量二级标准（GB 15618—1995）］为 16.1%。砷污染物的超标率为 2.7%。为了改善土壤质量，保证农产品质量，保护人类和动物的健康，我国发生了一场征服土壤污染的"战争"。农产品重金属污染是消费者普遍关注和农产品生产过程中亟须解决的质量安全问题之一。

农产品及产地环境中的危害具有相对性、时代性及地域性。相对性，即危害因接受对象的不同而异；时代性，即随着科学技术的发展，对危害的认识也在不断地发生着变化；地域性，即地域不一致，社会发展水平不同，对危害的认识水平也不一致。风险是指对人类、动植物健康或产地环境产生不良影响的可能性和严重程度，风险分为绝对风险和可接受风险。风险是相对于危害而言的，风险的结果是客观和主观的共同体。风险评估是系统地采用科学技术和信息，在特定条件下，对人类、动植物和环境暴露于某危害因素下产生不良效应的可能性和严重性的科学评价，是采用 0~100% 的数值描述风险发生概率或严重程度的方法。

由于农作物生长特性及遗传特性的不同，不同的农作物对砷的吸收、富集过程具有显著的差异性。植物对砷的吸收与土壤中砷的含量、理化性质、砷在土壤内的赋存形态、植物的类型、生长周期、大气环境质量、灌溉水、化肥等因素密切相关。土壤、污水灌溉、肥料、空气降尘是影响农产品中砷含量的主要因素。农产品中的砷污染程度与上述农田环境砷的污染程度有着密切的关系。

由于砷在农产品产地环境中的长期累积，农产品中的砷元素会通过动物产品或人类直接消费农产品，而最终直接或间接地对人体造成危害。人类接触无机砷主要是由于饮用了受污染的饮用水，食品、稻米和海鲜主要是无机和有机砷的来源。考虑到砷摄入的主要途径是口服，所以胃肠道的生物转化过程以及砷、食物、肠上皮细胞和肠道菌群之间的相互作用是需要考虑的风险因素，以获得更准确的砷的风险特征。砷摄入（尤其是在敏感时期，如婴幼儿接触）后会增加患癌风险，引起心血管和其他系统功能的紊乱（Mazumder 等，2000）。

本节结合国内外产地环境和农产品中砷对人体的危害风险和评估案例进行介绍。

一、农产品砷污染的风险评估体系

农产品中砷污染风险评估是判断农产品生产加工中砷的累积量是否会对人体健康造成危害的首选之法。农产品中砷污染的风险评估研究的核心内容是砷在迁移过程中引起的暴露和效应。其评估的 4 个步骤为：砷污染源分析及危害判定、剂量-效应分析评价、农产品中砷膳食暴露评估、风险特征描述。农产品中砷污染风险评估体系需要砷的生物化学等相关背景资料，农产品中砷累积、残留的数据和农产品销量的基本数据。风险评估结果的准确性和精确性取决于数据的充分性和有效性。

（一）重金属污染源分析

农产品中砷污染源分析主要是基于理论上土壤砷污染的所有可能性，明确砷污染暴露点，确定污染源的暴露方式、砷在环境中迁移和转化的内在性质和不同形态砷的毒性及其对空气、地下水等环境介质的潜在威胁。

危害判定指的是根据砷的生物化学相关背景信息，初步判断砷的存在状态是否会对人体健康、生态环境构成风险，并且评估此风险可能带来的后果。常规的评估方法主要包括：明确砷的理化性质、暴露途径及暴露方式，不同形态砷的结构活性和生物可利用性以及毒理关系，代谢与药代动力学试验，模拟动物的短期急性毒性暴露试验与亚急性或慢性长期毒性暴露试验以及人类流行病学研究等。目前砷的危害判定的研究方法与研究手段的发展主要依赖于环境毒理学、生态毒理学、卫生毒理学、药物动力学以及环境检测监测技术的发展。农产品中砷污染的危害判定基于以上各种评估及研究方法，筛选和识别出对人体健康或生态体系影响权重最大的信息，最大化地有效利用所获得的信息来判定农产品中砷污染的危害程度。

（二）剂量-效应分析评价

剂量-效应分析是对砷的暴露水平与接触人群或生态环境系统中的种群、群落等出现不良效应发生率间的关系进行定量估算的过程。砷的剂量-效应评价主要研究砷引起的毒性效应与暴露剂量之间的定量关系，是进行农产品中砷风险评价的定量依据。砷风险的暴露剂量需要对人体膳食砷的摄入量进行定期估算。20 世纪 50 年代中期，美国食品药品监督管理局（FDA）就已经建立了每日允许摄入量（ADI）的评价指标，来表征重金属的每日摄入限量，如果砷的摄入不超过限定水平，就不会产生显著的致癌风险；另外，也给出了参考剂量（reference dose，RfD），这是用来评估非致癌性健康效应的毒性阈值。虽然 ADI 和 RfD 的建立依据基本相似，但 RfD 是更严格的评价指标，由美国 EPA 确定。

（三）农产品中砷膳食暴露评估

砷膳食暴露评估重点研究的内容是使人体暴露于砷污染环境下，对暴露量的大小、暴露频率、暴露的持续时间及暴露途径等进行测量、估算及预测的过程，这是进行砷风险评估的定量依据。砷暴露评估中应该对接触人群的数量、分布、活动情况，对砷暴露的接触方式以及不确定影响因素进行描述。

农产品中砷膳食暴露的评估方法主要采用日常农产品总膳食研究手段（total diet study，TDS)，取样分析，筛选检查砷主要膳食来源的农产品种类和数量，获取农产品中砷含量的一般暴露水平，就是用某种特定农产品中的砷浓度乘以该种农产品的销量得出单项农产品所导致的砷摄入量，最后对所有单项农产品导致的砷摄入量进行加和。被分析的农产品是否作为砷的重要膳食来源直接决定了这种方法评估人群砷摄入量的精确度。

（四）风险特征描述

风险特征描述是基于上述评估步骤进行总结，进行风险水平的定性与定量表征，从而确定有害结果发生的概率、可接受的风险水平以及评价结果的不确定性等参数。农产品中砷污染的风险特征描述主要是确定砷的 RfD 的过程，首先应先获取砷的生物化学相关的基础数据，明确砷的吸收率、去除率（生物半衰期）以及在人体内的累积分布情况等有效信息。通过动物毒性暴露试验与人类流行病学等毒理学研究结果，进行危害程度的判定，找出最敏感的暴露终点；然后通过剂量-效应关系动力学曲线确定尚未产生毒害效应的最高暴露剂量（no observed adverse effect level，NOAEL）或基准暴露剂量（benchmark dose，BMD），考虑不确定因素的影响，最后以 NOAEL 或 BMD 除以不确定系数计算出最大 RfD。

由于污染程度、人们的饮食习惯、膳食结构以及生活行为方式不同，暴露途径与剂量-效应分析方面也存在差异，所以我国借鉴国外风险评估方法的同时还需要结合我国基本情况进行调整。

二、北京市蔬菜和菜地土壤砷含量及其健康风险分析

根据蔬菜生产和消费结构的特点，探讨不同蔬菜种类对土壤砷的富集情况，系统研究北京市主要蔬菜和菜地土壤的砷含量及其健康风险。

（一）蔬菜及其土壤中砷的采集与数据处理

1. 土壤样品采集与处理

土壤采样点主要分布在具有一定规模的商品蔬菜基地上。土壤样品取自 10 m×10 m 的正方形的 4 个顶点和中心点，各取表层（0～20 cm）土壤约 1 kg，混匀后用四分法从中选取 1 kg 土壤作为代表该点的混合样品。采样过程中没有与金属工具接触。

预处理方法：将土壤样品在室内风干，去除杂物，过 1 mm 尼龙网筛，用四分法取部分样品过 0.15 mm 尼龙筛，备用；样品的混合、装袋、粉碎、研磨等处理均使用木制或塑料工具。

2. 蔬菜样品采集与处理

采集土壤样品的同时采集蔬菜样品。为能更好地反映北京市蔬菜的重金属含量状况，基于生产量优先和兼顾品种多样性的原则进行蔬菜的采样。其中，19 种蔬菜的产量之和占北京市蔬菜生产总量的 74.9%。除这些大宗蔬菜以外，还根据北京市的蔬菜消费特点采集了乌塌菜、人参果、水晶菜、西洋菜和珍珠菜等特种蔬菜。样品包括叶菜类、根茎类、瓜果类蔬菜，既考虑到产量和播种面积，又兼顾种植方式（露地蔬菜和设施蔬菜）；既重点考虑大宗蔬菜，又兼顾消费量较小但近年来消费比例不断增长的蔬菜品种；既以量大面广的蔬菜品种为主，又适当兼顾少数容易积累重金属的蔬菜类型。

为了保证样品的代表性，主要根据每种蔬菜的产量确定样本数。考虑到各品种样本数不应因产量差异太大而差别过大，本着每种蔬菜的样本数与其生产量的平方根成正比的原则确定每种蔬菜的样本数。

为了掌握北京市市售蔬菜的重金属情况，调查时除从北京市主要蔬菜生产基地采集样品外，还从北京市岳各庄、大钟寺、新发地三大批发市场和部分超市采集了市售蔬菜。市售外地产蔬菜主要来自山东、广东、内蒙古、天津和河北等地。

预处理方法：采集蔬菜样品时摘取成熟新鲜的可食部分，采样后马上装入塑料袋中，并将袋口密封以防止水分蒸发。大白菜、圆白菜、菠菜、油菜、小白菜等叶菜类，去掉明显腐烂以及枯萎的外叶和根；大葱、大蒜、洋葱等茎菜类，去除根及外表皮；黄瓜、茄子、辣椒、番茄、芸架豆等果菜类，去掉花梗和蒂；萝卜去掉茎叶，留下块根。用自来水反复清洗，去除附在蔬菜表面的泥土，然后用去离子水反复漂洗，晾干。用不锈钢刀切成小块，在烘箱中 120 ℃烘 15 min 灭酶活，然后在 60 ℃条件下烘 48 h，粉碎备用。

3. 砷的测定与质量控制

土壤砷采用消煮方法和氢化物发生-原子荧光光谱法（AFS-2202）测定。分析过程均加入国家标准参比土壤样品（GSS-1）进行分析质量控制。蔬菜样品中砷的测定参照国家标准方法，即采用 H_2SO_4-HNO_3 消煮、氢化物发生-原子荧光光谱法（AFS-2202）测定。分析过程中加入国家标准参比植物样品（GSV-3）进行分析质量控制。质量控制结果符合国家标准参比物质允许范围的为有效数据，质量控制不过关的数据则予以剔除。分析过程所用试剂均为优级纯，所用的水均为超纯水。

4. 数据统计分析

剔除异常值后，得到 39 个土壤样品和 310 个蔬菜样品的有效数据，蔬菜样品中有 155 个样品直接采自北京市各区的主要蔬菜生产基地，105 个为市售的本地产蔬菜，其他 50 个为市售的外地蔬菜。经统计，土壤和蔬菜砷含量均服从对数正态分布（Shapiro-Wilk 检验，$P < 0.05$），因而经过对数转换后即可进行方差分析，统计中的均数则采用几何均数。样点分布图的制作使用 ArcGIS 软件，正态分布统计检验用 Origin 软件，方差分析和聚类分析则采用 SPSS 软件完成。

5. 蔬菜砷含量空间分布趋势的拟合

北京市蔬菜基地的蔬菜砷含量的空间分布存在一定的趋势，这种趋势在经过原坐标旋转一定角度后更为明显：即将采样点的经度（$long_0$）和纬度（lat_0）进行一定角度（α）的偏转投影，得到度数（long）作为横坐标，公式为

$$long = \cos\left(\alpha - \tan^{-1}\frac{lat_0}{long_0}\right)\sqrt{lat_0^2 + long_0^2} \tag{8-1}$$

6. 蔬菜砷摄入量的估算

居民每日从蔬菜中摄入砷的总量与北京市各品种蔬菜的消费量权重以及蔬菜砷的含量密切相关。在计算蔬菜的消费量权重时，应计算其样本数的平方，因为蔬菜样本数是根据与其生产量的平方根成正比的原则来确定的。其计算方法如式（8-2）所示：

$$C = Q\sum_{i=1}^{n}\left[\overline{X_{gi}} \times \frac{N_i^2}{\sum N_i^2}\right] \tag{8-2}$$

式中：C——居民从蔬菜中摄入砷的总量；

Q——蔬菜日均消费量；

$\overline{X_{gi}}$——各品种蔬菜砷含量的几何平均值；

N_i——各品种蔬菜的样本数；

n——蔬菜品种数。

（二） 北京市蔬菜及其土壤中砷元素的富集

1. 菜地土壤砷含量特征

菜地土壤砷含量的数据符合对数正态分布，变化范围为 4.44～25.3 mg/kg，中值为 8.72 mg/kg，算术均值和标准差分别为 9.40 mg/kg 和 3.84 mg/kg，几何均值和标准差分别为 8.79 mg/kg 和 1.44 mg/kg，经对数转换后与北京市土壤砷背景值的几何均值对数（算术均值为 7.81 mg/kg，几何均值为 7.09 mg/kg）相比，二者差异达到极显著水平（$P=0.001$），菜地土壤的砷含量明显偏高。

北京市各种蔬菜的砷平均含量均低于我国《食品中污染物限量》（GB 2762—2005）所规定的限量值 [0.5 mg/kg（鲜重）]。但其中两个样品砷含量较高（萝卜 0.479 mg/kg，大蒜 0.310 mg/kg），超过世界卫生组织（WHO）与联合国粮食及农业组织（FAO）联合制定的食品卫生标准的限量值 [0.25 mg/kg（鲜重）]。经正态分布检验，全部蔬菜样本和各大类蔬菜样本的砷含量均服从对数正态分布。从几何平均值来看，蔬菜的平均含砷量存在以下趋势：根茎类＞特菜类＞叶菜类＞瓜果类。但是，各类蔬菜砷含量的非参数检验比较表明，其差异并不显著。

对各品种蔬菜砷含量的几何均值进行快速聚类（K-Means）分析，共分为 4 类：大葱、小白菜、空心菜、萝卜和莲藕为第一类，其砷含量最高；茼蒿、生菜、兔子菜、春菜、黄瓜、辣椒、茄子、豆角、茴香、紫背天葵为第二类，其砷含量稍低；第三类包括大蒜、西兰花、油菜、韭菜、芥菜、丝瓜、芦笋、大白菜、甘蓝、圆白菜、马铃薯、番茄、番杏和其他特菜；第四类包括菠菜、菜花、芹菜、豆苗（芽）、洋葱、莴苣、竹笋、冬瓜、毛豆、西葫芦等，砷含量最低。非参数检验比较表明，各类蔬菜砷含量之间的差异均达到极显著水平。

从北京各行政区的蔬菜（不包括市售蔬菜）砷含量统计结果可以看出，不同区域蔬菜砷含量变异性较大，其算术标准差与平均值相当，呈明显偏态分布。非参数检验比较表明，朝阳区和昌平区蔬菜砷含量较低，其中朝阳区蔬菜砷含量显著低于石景山、通州区、大兴区、顺义区和海淀区，而昌平区蔬菜砷含量显著低于丰台区、通州区和朝阳区。北京市蔬菜砷含量在各区分布存在一定的差异。那么，这种差异是否存在一定的空间分布趋势呢？采用式（8-1）中的方法，将坐标旋转不同角度后发现，在东北方向偏转 11°～30°时北京市蔬菜砷含量存在明显的 U 形分布趋势（$P<0.05$，$X=0.116～0.129$），即顺义区东北部以及石景山区、丰台区和大兴区一带蔬菜砷含量较高，而昌平区、朝阳区北部、顺义区西南部和通州区北端则较低。产生这一现象的原因，目前还不清楚。在北京市本地种植的蔬菜中，设施蔬菜约占 30%，但分布较为分散，并未形成区域性分布，不同蔬菜种植方式可能不是导致蔬菜砷含量区域性差异的主要原因；同时，在蔬菜砷含量存在明显差异的两个区域中，蔬菜种类也没有存在明显的差异，因而不同蔬菜的砷富集能力的差异可能也不是引起这种差异的主要原因。统计分析表明，北京市菜地土壤和蔬菜砷含量相关性不显著，北京市菜地土壤砷含量的差异可能也不是导致上述蔬菜砷含量区域性差异的主要原因。因此，北京市蔬菜砷含量的区域性差异可能是蔬菜种植方式、土壤砷含量、不同富集系数的蔬菜品种、大气沉降、农药和肥料的施用等因素综合作用的结果。

2. 不同来源蔬菜砷含量的差异

（1）本地蔬菜砷含量与外地蔬菜的比较

2000 年北京市蔬菜自给率为 65%，其余则主要由河北、山东、广东、内蒙古和天津等地供应。研究发现，北京市本地产蔬菜与外地产蔬菜的砷含量没有显著差异。

（2）露地蔬菜和设施蔬菜的砷含量比较

设施栽培具有日光、水分利用效率高，生育期短，能反季节生产，经济效益高等特点，颇受农民的青睐。近年来，北京市设施农业发展迅速，2003 年北京市设施栽培面积约为 2.35 万 hm^2，其中蔬菜栽培约占 68%。因此，设施蔬菜的品质也越来越受到关注。从北京市露地蔬菜和设施蔬菜砷含量的比较结果来看，露地蔬菜中砷平均含量高于设施蔬菜，其差异达到极显著水平（$P < 0.001$）。

（3）不同蔬菜种类对砷的富集系数与抗污染品种的选择

富集系数是植物中砷含量与土壤中砷含量的比值，它可大致反映植物在相同土壤砷浓度条件下对砷的吸收能力。砷富集系数越小，则表明蔬菜吸收砷的能力越差，抗土壤砷污染的能力越强。经检验，北京市主要蔬菜的砷富集系数呈对数正态分布。因此，可采用蔬菜富集系数几何均值进行层级聚类分析以比较各品种的抗砷污染能力。根据蔬菜富集系数的高低，采用层级聚类法可将蔬菜分为 4 类：油菜、小白菜和萝卜富集系数最高，被划分为第一类；大葱、芥菜、黄瓜、大白菜和甘蓝被划分为第二类；辣椒、芸架豆、冬瓜和茄子被划分为第三类；富集系数最低的蔬菜包括豆苗（芽）、菠菜、番茄、芹菜、软化菊苣和樱桃番茄等特菜，被划分为第四类。后两类蔬菜的富集系数较低，其可食部分对砷的积累能力较弱；在相同砷含量的土壤条件下，砷在这些蔬菜可食部分中的积累较少，即便是种植在砷含量相对高一些的土壤中，其可食部分吸收的砷也不容易超标。因此，在种植蔬菜时，应根据土壤砷含量状况选择对砷富集能力较差的蔬菜品种（第三类和第四类）。

为进一步探讨蔬菜砷含量、蔬菜砷富集系数与土壤砷含量之间的关系，对三者进行了相关性分析。结果表明：蔬菜砷含量与土壤砷含量没有显著相关性，但与砷富集系数呈极显著正相关关系，说明生物富集系数的变化可以很好地反映蔬菜砷浓度的变化，这与前人的研究结果相似。蔬菜的砷富集系数与土壤砷含量呈极显著的负相关关系。

（三）北京市与国内外其他地区蔬菜砷含量的比较

总结他人的研究结果并与本研究进行比较可以得出，北京市蔬菜的砷平均含量（此研究结果）较低，但变异度较大，个别地区的某些蔬菜品种砷含量较高。总体来说，本次研究所采集的北京市蔬菜的砷平均含量显著高于广东省中山市、山东省泰安市以及克罗地亚等区域，同时也高于北京市和湖北省武汉市的远离污染源区域的蔬菜的砷含量；低于四川省成都市、陕西省西安市、福建省部分地区的蔬菜的砷含量；与广东省部分地区及英国莱斯特市的蔬菜的砷含量相当。一般来说，砷污染区蔬菜的砷积累较为严重，其蔬菜砷含量要高于普通区域的蔬菜的砷含量。

（四）北京市居民蔬菜砷摄入量的健康风险分析

据 2002 年的统计资料，北京市总人口为 1 366.6 万，蔬菜生产量达 522.8 万 t，而北京市蔬菜自给率约为 65%。照此推算，北京市每天人均蔬菜消费量约为 1.6 kg。结合各品种蔬菜占北京市蔬菜总量的百分比和各品种蔬菜砷含量的几何平均值等参数，根据式

(8-2)进行计算，北京市居民从蔬菜中摄入砷的量为 0.016 mg/d，低于 WHO 规定的每日无机砷允许摄入量（ADI）0.128 mg（成人，体重以 60kg 计）。但在我国普通人群的膳食结构中，蔬菜砷只占总砷摄入量的很少一部分，约为 5%，砷的主要来源是谷类粮食（稻米、小麦和杂粮等），其砷贡献率达 83.2%。有研究表明，蔬菜中的砷大部分为毒性较强的无机砷：As（Ⅲ）和 As（Ⅴ），两者约占蔬菜总砷含量的 87%。据此进行折算，总体上来讲，北京市居民从蔬菜中摄入的砷的量已达到 ADI 值的 12.5%，超过全国平均水平的 5%。可见，蔬菜砷含量对北京市居民的健康已构成一定的威胁。以每天消耗蔬菜 1.6kg 计，只要蔬菜无机砷含量达到 0.08 mg/kg（折算成总砷含量为 0.092 mg/kg），砷的摄入量即与 WHO 制定的 ADI 值相当。北京市砷含量高于 0.092 mg/kg 的蔬菜占总样本的 0.98%，贡献率较大的蔬菜包括大白菜、萝卜、黄瓜、大葱、番茄、大蒜等大宗蔬菜。上述计算未考虑其他食品以及大气吸入、饮用水等途径的贡献率。据研究，对于城区人群，街道尘土吸入带来的砷健康风险不容忽视，而饮用水还可能成为人体摄入砷的重要来源。如将通过蔬菜摄入砷的贡献率设为 20%，那么蔬菜砷含量只要高于 0.018 mg/kg，北京市居民砷摄入量即可达到 ADI 值。

而在此研究中，北京市蔬菜砷含量高于 0.018 mg/kg 的蔬菜样本占总样本的 7.5%，其中贡献率较大的几种蔬菜包括大白菜、黄瓜、萝卜、大葱、番茄、茄子和圆白菜等大宗蔬菜。因此，尽管北京市蔬菜砷的平均含量低于《食品中污染物限量》（GB 2762—2005），但对部分人群而言，摄入过量蔬菜砷的健康风险仍值得关注。

三、广东省蔬菜的砷污染风险评估

蔬菜是我国重要的农产品，它供应人体维生素、膳食纤维，是居民膳食不可或缺的重要组成部分。新鲜蔬菜和保鲜蔬菜是广东省出口的主要产品，每年有十多类近百个品种被输往世界各地，广东省还是我国蔬菜等农产品的消费大省，保证农产品供应数量和质量的安全是广东省政府的重点工作内容。

广东省经济和工业先行的同时也带来了重金属的污染，部分地区的土壤、水体等生态环境遭到破坏。重金属的污染造成了农产品特别是蔬菜的污染。重金属通过食物链危害人体健康。蔬菜的重金属污染引起了人们的高度关注。

(一)样品采集和试验方法

1. 抽取样品的时间、地点和蔬菜种类

样品的代表性是风险评估的基础，同等条件下数据量越大得出的数据精确度越高。为了保证所采的广东省生产的蔬菜样品的代表性，研究充分考虑了广东省的蔬菜种植面积、生产季节、人口分布等情况，在广东省菜田直接采集蔬菜样品。

在 2009 年、2010 年、2011 年分别执行 2008 年制定的蔬菜样品采集方案。布置采样点坚持具有代表性原则。在广东省，一年内除了 8 月、9 月气温过高等导致的蔬菜生产较少外，其他时间均有蔬菜生产，并且季节不同种植蔬菜的类型也有所偏重，比如春秋季节叶菜类较多，而夏季茄果类蔬菜偏多。为了使样品具有季节代表性，在每年的 3 月、6 月和 10 月对采样点的蔬菜样品进行采集。

根据广东省《广东农村统计年鉴》（2008）统计的广东省各地市蔬菜种植面积与分布，

结合广东省人口分布情况，3 年分别在广州、深圳、东莞、惠州、江门、中山、珠海、湛江、潮州、韶关 10 个地市的菜田采集蔬菜样品 170 个、86 个、69 个、104 个、114 个、138 个、62 个、95 个、63 个、216 个，共采集样品 1 117 个。

根据广东省蔬菜类型特点，同时控制每种蔬菜的样品量不至于太少而失去统计学意义，本研究选取了广东省典型的叶菜类（叶用莴苣、油菜、菜心、蕹菜）、茄果类（豇豆、辣椒、茄子、番茄、丝瓜）、茎类（茎用莴苣、芹菜）、根类（胡萝卜）等 12 种蔬菜进行采集。所选择的样品尽量是该布点区域内种植面积较大的蔬菜种类。

2. 采集样品的方法和要求

采集的样品均为蔬菜的可食部分。叶类蔬菜去掉明显腐烂和萎蔫的茎叶，采集量为 4～12 个个体；茄果类蔬菜采集除去果梗后的整个果实，采集量为 6～12 个个体，在采集样品时还应注意采集的样品在空间分布上的均匀性；茎类蔬菜去掉叶子和根部，茎用莴苣还要去除硬壳；根类蔬菜去掉明显的腐烂和萎蔫部分，采集量至少为 12 个个体。上述样品抽取的重量均不少于 3 kg。

由于该项工作属于大规模的系统工程，采集样本需要坚持一致性原则，对调查的相关信息需要有一定的知识背景。在 2009 年 2 月试行了采样方案并进行修正，而后对本研究固定的 7 名抽样人员，从抽样规范、土壤学基本知识、调查表填写和责任心等方面进行了统一培训。在以后的抽样中，对出现的临时性的问题始终坚持样品代表性的原则。

采集样品的同时记录具体的抽样地块、经纬度、海拔、灌溉水来源、灌溉方式、地形地貌、土壤类型、施肥情况、用药情况、污染源情况。

3. 样品的制备

将采集的蔬菜样品用清水洗净，晾至无水滴后用不锈钢刀具切成小段，混匀后，取部分样品用组织粉碎机粉碎后放入样品瓶，再放入 −18 ℃ 冰箱储存，所有的样品必须当天制备完毕，待样品采集工作完成后统一带回实验室测定。

4. 样品采集和制备工具

采样及制样工具有不锈钢剪刀、打浆机、不锈钢刀、无重金属污染的菜板、不锈钢小勺、样品瓶、标签。调查信息填写需要抽样信息采集表、黑色签字笔、铅笔、写字垫板。另外用定位仪测定采样地点的经纬度，用数码相机拍摄取样地点的地理环境状况。

5. 蔬菜中砷含量的测定

称 5.00 g 样品放入高脚烧杯中，放入数粒玻璃珠，加入 10 mL 硝酸＋高氯酸（4∶1）混合酸，加玻璃盖浸泡过夜，在 130 ℃ 电热板上消解，如果消解液呈棕黑色，说明消解不完全，冷却后继续加适量混合酸进行消解，直至高氯酸的白烟散尽，冷却，定容至 20 mL 比色管中，混匀，同时作空白，过 0.45 μm 无机相滤膜，采用原子荧光光度计进行测定。

6. 测定结果质量控制

为消除温度或其他因素的影响，每次上机测定的样品均需做校准曲线。标准系列应设置 6 个以上浓度点，根据浓度和吸光值绘制校准曲线或求出一元线性回归方程，计算其相关系数，相关系数 $r \geqslant 0.995$（应根据测定成分浓度、使用的方法等确定）；待测液的浓度超标时不能随意外推，应适当稀释后测定，待测液浓度应控制在直线性范围内。两次独立测定结果的绝对差值应小于平均值的 20％。空白值过高时，需采取其他措施（如提纯试剂、更换试剂、更换容器等）加以消除。

从国家标准物质中心购买已知砷含量的标准物质圆白菜和菠菜。每一批样品测定的同时跟踪测试两个标准物质，用于监控仪器的稳定性和检测的准确性，如果一批处理多于 40 个样品，每 40 个样品跟踪两个标准物质。

7. 方法最低检出限

根据上述方法，蔬菜中砷的最低检出限（LOD）为 0.000 5 mg/kg。

8. 统计和风险评估方法

对蔬菜中砷的污染分布进行统计，典型区域土壤、灌溉水和蔬菜中砷相关性的分析等采用 SPSS 统计分析软件。对蔬菜中砷的风险评估运用 Decision tools 系统进行运算和分析，利用 Monte carlo 模拟方法量化评估模型的变异性，用 Bootstrap 方法量化评估模型的不确定度。

(二)广东省蔬菜砷污染分布研究

2009 年到 2011 年，在广东省内抽取典型地区的代表性蔬菜，采用较为准确成熟的检测方法对蔬菜中的砷含量进行测定。分析广东省蔬菜中的砷分布情况，摸清砷的地区性分布和污染特征，找出不同种类蔬菜的污染特点，初步探讨了广东省蔬菜砷污染与当地工业的关系。

1. 全省蔬菜砷污染分布

在全省范围内共采集了蔬菜样品1 117个，测定蔬菜中的砷含量，对全省蔬菜的砷污染状况进行整体分析，共有 8.25％的蔬菜样品中未检出砷。全省蔬菜的砷含量范围为 0.000 5～1.20 mg/kg，平均值为 0.030 3 mg/kg，中位值为 0.014 4 mg/kg。蔬菜砷含量的 20 百分位点值、50 百分位点值、75 百分位点值和 95 百分位点值分别为 0.005 12 mg/kg、0.014 4 mg/kg、0.035 5 mg/kg 和 0.100 mg/kg。图 8-5 为全省蔬菜砷含量分布直方图。

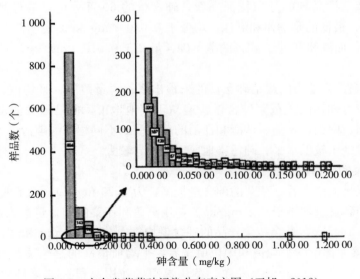

图 8-5　广东省蔬菜砷污染分布直方图（王旭，2012）

蔬菜砷含量的 50 百分位点值、75 百分位点值和 95 百分位点值分别是 25 百分位点值的 2.81 倍、6.93 倍和 19.5 倍。75 百分位点值到 95 百分位点值的变异度较大。有个别点分布在 1.0～1.2 mg/kg，从 0.4～1.0 mg/kg 呈零分布。砷含量在 0.000 5～0.200 mg/kg 的有 1 107 个样品，占总样品量的 99.1%；有 916 个蔬菜样品砷含量小于 0.050 0 mg/kg，占总样品量的 82.0%。

2. 10 地市蔬菜砷污染分布

从未检出率上来看，潮州、江门、中山、广州、珠海均有 10% 以上蔬菜的样品中未检出砷。惠州、湛江、韶关、东莞的蔬菜中砷的未检出率分别为 8.3%、7.4%、1.9% 和 1.4%。深圳的蔬菜样品中均检出了砷。

从蔬菜中砷的分布范围来看，砷含量范围顺序为：中山（0.000 5～1.20 mg/kg）＞广州（0.000 5～1.00 mg/kg）＞韶关（0.000 5～0.392 mg/kg）＞深圳（0.002 61～0.174 mg/kg）＞东莞（0.000 5～0.162 mg/kg）＞珠海（0.000 5～0.109 mg/kg）＞湛江（0.000 5～0.092 8 mg/kg）＞江门（0.000 5～0.091 9 mg/kg）＞惠州（0.000 5～0.086 3 mg/kg）＞潮州（0.000 5～0.059 9 mg/kg）。可以看出，中山和广州的砷含量最大值明显高于其他地市。

从 10 地市蔬菜砷污染分布平均值来看，平均值最高的是韶关，为 0.051 8 mg/kg，其次为深圳，蔬菜中砷含量平均值为 0.037 4 mg/kg；中山、东莞、惠州和广州蔬菜中砷含量平均值在 0.018 1～0.029 6 mg/kg；珠海为 0.018 2 mg/kg，江门、潮州、湛江蔬菜中砷含量均低于 0.012 2 mg/kg。

从平均值和中位值的比较来看，10 地市蔬菜含量中位值均低于平均值，进行单样本非参数检验，10 地市的蔬菜砷含量除了惠州（P＝0.533）符合正态分布以外，其他 9 地市均不符合正态分布（P＜0.05）。说明每个城市的数据中，多数蔬菜的砷含量分布在低水平区域。惠州的砷含量在低水平区域呈正态分布。

从各地市蔬菜样品砷的分布特征来看，砷含量的 60 百分位点值最高的是韶关，为 0.052 1 mg/kg，最低的是潮州和湛江，均低于 0.010 0 mg/kg。说明韶关 40% 的砷超过 0.052 1 mg/kg，而潮州和湛江 40% 的蔬菜砷含量高于 0.010 0 mg/kg，5% 的砷含量高于 0.039 4 mg/kg。

通过对广东省 10 地市的蔬菜砷含量的未检出率、含量范围、平均值、中位值、分布特点等进行比较可知，韶关蔬菜砷含量普遍高于其他地市，但是最大值出现在中山。深圳、广州、惠州、中山、东莞、珠海和江门的蔬菜受到不同程度的砷污染，湛江和潮州蔬菜样品的砷含量处于较低水平。砷污染地区之间差异较大。

3. 12 种蔬菜的砷污染情况

从单个样点最大值来看，蕹菜的砷含量最高，为 1.20 mg/kg，除了两个蕹菜样品外，其他蔬菜样品的砷含量均小于 0.4 mg/kg。茎用莴苣和芹菜的砷含量最大值分别为 0.269 mg/kg 和 0.197 mg/kg。其余蔬菜样品的砷含量均集中在 0.173 mg/kg 以下。

从 12 种蔬菜砷含量的平均值和中位值来看，平均值最高的是蕹菜，为 0.116 mg/kg，其次为菜心，为 0.064 9 mg/kg，芹菜、茎用莴苣、叶用莴苣和油菜砷含量的平均值在 0.033 6～0.040 3 mg/kg，辣椒和胡萝卜分别为 0.021 4 mg/kg 和 0.019 4 mg/kg，豇豆、番茄、茄子和丝瓜等茄果类蔬菜的砷含量平均值均低于 0.011 0 mg/kg。所有种类蔬菜砷含量的中位值均低于平均值。从中位值来看，蕹菜和菜心砷含量最高，为 0.059 0 mg/kg，叶用莴苣、芹菜、茎用莴苣、油菜和胡萝卜的中位值分别为 0.026 1 mg/kg、0.024 8 mg/kg、0.024 0 mg/kg、0.017 1 mg/kg 和 0.014 0 mg/kg，辣椒、豇豆、茄子、丝瓜和番茄的中位值均低于 0.008 0 mg/kg。总体来说，蕹菜的砷污染较为突出，豇豆、茄子、丝瓜和番茄等茄果类蔬菜受砷污染程度较轻。

(三)广东省蔬菜砷暴露评估

以 3 年来获得的污染数据为基础，根据广东省人群消费的区域特征，利用点评估和非参数概率评估相结合的方法对广东省的蔬菜砷暴露量进行评价。非参数概率评估借助软件采用模拟方法，进行大量计算机模拟得出了广东省居民摄入蔬菜的砷暴露量。

采用每日估计暴露量（EDI）评估蔬菜中重金属对儿童（3～12 岁）、青壮年（18～45 岁）和中老年（>45 岁）三类典型人群的健康风险，EDI 单位为 mg/(kg·d)，即单位体重的某典型人群每日的砷暴露量估计值。从广东省蔬菜砷的整体暴露情况来看，儿童、青壮年和中老年居民砷的 EDI 平均值分别为 2.76×10^{-4} mg/(kg·d)、1.78×10^{-4} mg/(kg·d) 和 1.87×10^{-4} mg/(kg·d)，砷暴露量居于一般水平。

从不同年龄人群对蔬菜砷暴露量的对比分析来看，广东省蔬菜砷的 EDI 为儿童>中老年>青壮年，且儿童 EDI 明显高于青壮年和中老年，分别是青壮年和中老年的 1.55 倍和 1.48 倍。中老年的 EDI 是青壮年的 1.05 倍，两种人群间的差异不大。

从不同性别的人群对蔬菜砷暴露量的对比分析来看，蔬菜砷的 EDI 顺序为：女童>男童>青壮年女性>中老年女性>青壮年男性>中老年男性。同一年龄阶段中，女性的暴露量均大于男性，女童是男童的 1.02 倍，差别不大，青壮年和中老年女性的暴露量均是男性的 1.21 倍。

从不同城乡居民对蔬菜砷暴露量的对比分析来看，儿童的蔬菜砷 EDI 顺序为：农村>县城>城郊>城市，农村、县城和城郊分别是城市的 1.60 倍、1.31 倍和 1.24 倍。青壮年的蔬菜砷的 EDI 顺序为：农村>城郊>县城>城市，农村、城郊和县城分别是城市的 1.35 倍、1.23 倍和 1.21 倍。中老年蔬菜砷的 EDI 顺序为：农村>县城>城郊>城市，农村、县城和城郊分别是城市的 1.38 倍、1.31 倍和 1.27 倍。总体上来看，EDI 最大的是农村儿童，最小的是城市青壮年。

测定方法的系统误差和随机误差、样品代表性、分析模型拟合、消费人群个体间差异、假设的参数设置等均会引起暴露评估的不确定性，蔬菜人均膳食摄入量的假设对评估结果有直接的影响。

(四)广东省蔬菜砷风险描述

以 3 年来获得的污染数据为基础，利用软件进行大量计算机模拟。根据广东省人群消费的区域特征，采用国际上公认的可以量化风险的目标风险系数法对广东省蔬菜砷膳食风险进行评估，最终以目标风险商（THQ）的形式对不同人群的蔬菜砷膳食风险分布情况进行量化。THQ 法是美国国家环保局于 2000 年发布的一种评价人体因摄入重金属等污染物而产生的非致癌风险的方法。如果该值小于 1，说明暴露人群对重金属通过蔬菜摄入途径的风险可以接受，反之，暴露人群可能因此存在健康风险，THQ 值越大表明污染物对人体的健康风险越严重。

从平均值、中位值、75百分位点值、90百分位点值、95百分位点值、97.5百分位点值、99百分位点值和99.9百分位点值来看，THQ均是儿童＞中老年＞青壮年。儿童、青壮年和中老年的蔬菜的THQ分别为0.100、0.062 3和0.065 1，远小于1，说明广东省膳食摄入蔬菜是安全的。儿童的THQ平均值分别是青壮年和中老年的1.61倍和1.54倍，中老年的THQ平均值是青壮年的1.05倍，儿童属于砷敏感人群，青壮年和中老年对砷的敏感性差异不大。整体上来说，THQ的90百分位点值、95百分位点值、97.5百分位点值、99百分位点值和99.9百分位点值分别是75百分位点值的1.64倍、2.11倍、2.74倍、4.90倍、18.8倍。以THQ大于1时可能对人体产生风险来推算，通过摄入蔬菜对儿童、青壮年、中老年居民带来危害的概率分别约为0.8%、0.4%和0.5%。

(五)广东省蔬菜砷污染的原因和国家标准限量值探讨

结合广东省蔬菜砷风险评估结果，选择典型区域，通过布点调查和采样测定，探讨砷通过土壤和灌溉水途径污染蔬菜的可能性。结合风险评估结果，对比分析国内外蔬菜砷限量值，探讨我国拟发布的最新国家标准限量值。

从此研究中蔬菜与土壤和灌溉水中砷含量的关系来看，砷在蔬菜和土壤中的关系较为显著，说明土壤中的砷含量直接影响蔬菜中的砷含量。矿山的开采、冶炼厂和塑料厂的运转给当地土壤带来了不同程度的污染，从而影响了蔬菜中的砷污染。从蔬菜与灌溉水中的砷含量的关系来看，两者之间没有显著性关系，灌溉水中的砷含量也处于较低水平。由此推断，蔬菜中的砷污染主要来自土壤。

从蔬菜和土壤中的砷含量超标情况来看，蔬菜中的砷有1.23%超过《食品安全国家标准 食品中污染物限量》（GB 2762—2012）的限量值，土壤中的砷有6.30%超过《土壤环境质量标准》（GB 15168—1995）的限量值。蔬菜中的砷超标率低于土壤，在不符合国家标准的土壤上生产出砷含量符合国家标准的蔬菜的概率较大。如果GB2762—2012和GB15168—1995均是从对人体健康危害的角度出发制定的，那么两者之间存在着一定的矛盾。而蔬菜和土壤中砷含量关系受蔬菜种类、土壤pH和有机质等诸多因素的影响。即使蔬菜中的砷的限量值确定是合理的，保障蔬菜安全的土壤中的砷含量的界定还需要更加充实的论证。

从国家标准对蔬菜中砷的限量规定与对此研究的风险评价比较来看。蔬菜中的砷有1.23%超过国家标准。而采用国际通用的目标风险商法计算出的砷风险THQ为0.32。两者虽然无法直接用数值来比较，但是目标风险商法是基于国际通用的毒理学结果，从人体对砷的耐受量出发，保守估算出来的，是对污染物对人体产生危害的一种计算方法，是研究限量值科学性的基础。所以，国家标准对蔬菜中砷含量的限量规定还要从源头抓起，值得深入讨论。

主 要 参 考 文 献

戴文津，杨小满，陈华，2010，等. 水产品中砷的质量控制研究进展 [J]. 广东农业科学，37（11）：263-266，275.

刘潇威，陈春，宇妍，等，2012. 农产品重金属风险评估体系的研究进展 [J]. 北京工商大学学报（自然科学版），30（5）：19-22.

王旭，2012. 广东省蔬菜重金属风险评估研究 [D]. 武汉：华中农业大学.

Basta N T，Gradwohl R，Snethen K，et al.，2001. Chemical immobilization of lead, zinc, and cadmium in smelter-contaminated soils using biosolids and rock phosphate [J]. Journal of Environmental Quality, 30（4）：1222-1230.

Bender J，Lee R F，Phillips P，1995. Uptake and transformation of metals and metalloids by microbial mats and their use in bioremediation [J]. Journal of Industrial Microbiology, 14（2）：113-118.

Boisson M，Mench J，Vangronsveld A，et al.，1999. Immobilization of trace metals and arsenic by different soil additives：Evaluation by means of chemical extractions [J]. Communications in Soil Science and Plant Analysis, 30（3-4）：365-387.

Bolan N S，Adriano D C，Naidu R，2003. Role of phosphorus in（Im）mobilization and bioavailability of heavy metals in the soil-plant system. [J]. Reviews of Environmental Contamination and Toxicology, 177：1-44.

Braman R S，Foreback C C，1973. Methylated forms of arsenic in the environment [J]. Science, 182（4118）：1247-1249.

Brooks R R，Lee J，Reeves R D，et al.，1977. Detection of nickeliferous rocks by analysis of herbarium specimens of indicator plants [J]. Journal of Geochemical Exploration, 7：49-57.

Chen S，Wilson D B，1997. Genetic engineering of bacteria and their potential for Hg^{2+} bioremediation [J]. Biodegradation, 8（2）：97-103.

Cong T，Lena Q M，Bhaskar B，2002. Arsenic accumulation in the hyperaccumulator Chinese brake and its utilization potential for phytoremediation [J]. Journal of Environmental Quality, 31（5）：1671-1675.

Cong T，Ma L Q，2003. Effects of arsenate and phosphate on their accumulation by an arsenic-hyperaccumulator Pteris vittata L. [J]. Plant and Soil, 249（2）：373-382.

Das D，Chatterjee A，Samanta G，et al.，2015. A simple household device to remove arsenic from groundwater and two years performance report of arsenic removal plant for treating groundwater with community participation [R]. Calcutta：School of Environmental Studies：231-250.

Davenport J R，Peryea F J，1991. Phosphate fertilizers influence leaching of lead and arsenic in a soil contaminated with lead arsenate [J]. Water, Air and Soil Pollution, 57（1）：101-110.

Dianne K，Newman，E K，K，John D，et al.，1997. Dissimilatory arsenate and sulfate reduction in Desulfotomaculum auripigmentum sp. nov. [J]. Archives of Microbiology, 168（5）：380-388.

Francesconi K，Visoottiviseth P，Sridokchan W，et al.，2002. Arsenic species in an arsenic hyperaccumulating fern, pityrogramma calomelanos：a potential phytoremediator of arsenic-contaminated soils [J]. Science of the Total Environment, 284（1）：27-35.

Fryxell G，Liu J，Hauser T A，et al.，1999. Design and synthesis of selective mesoporous anion traps [J]. Chemistry of Materials, 11（8）：2148-2154.

Gao S D, Richard G B, 1997. Environmental factors affecting rates of arsine evolution from and mineralization of arsenicals in soil [J]. Journal of Environmental Quality, 26 (3): 753-763.

Germund T, Tommy O, 2001. Plant uptake of major and minor mineral elements as influenced by soil acidity and liming [J]. Plant and Soil, 230 (2): 307-321.

Gulledge J H, O'connor J, 1973. Removal of arsenic (V) from water by adsorption on aluminum and ferric hydroxides [J]. Journal American Water Works Association, 65: 548-552.

Han J T, Fyfe W S, 2000. Arsenic removal from water by iron-sulphide minerals [J]. Chinese Science Bulletin, 45 (15): 1430-1434.

Hering J G, Chen P Y, Wilkie J A C, 1997. Arsenic removal from drinking-water by coagulation: the role of adsorption and effects of source water composition [M] //Arseni. Berlin: Springer Science and Business Media: 369-381.

Hlavay J, Polyák K, 1997. Removal of arsenic ions from drinking-water by novel type adsorbents [J]. Arsenic. Berlin: Springer Science and Business Media: 382-392.

Hussam A, Munir A K, 2007. A simple and effective arsenic filter based on composite iron matrix: development and deployment studies for groundwater of Bangladesh [J]. Journal of Environmental Science and Health, Part A, 42 (12): 1869-1878.

Khan A H, Rasul S B, Munir A K M, et al., 2000. Appraisal of a simple arsenic removal method for ground water of Bangladesh [J]. Environmental Letters, 35 (7): 1021-1041.

Kim Y, Kim C, Choi I, et al., 2004. Arsenic removal using mesoporous alumina prepared via a templating method [J]. Environmental Science and Technology, 38 (3): 924-931.

Krishna, M V B, Chandrasekaran K, Karunasagar D, et al., 2001. A combined treatment approach using Fenton's reagent and zero valent iron for the removal of arsenic from drinking water [J]. Journal of Hazardous Materials, 84: 229-240.

Loukidou M X, Matis K A, Zouboulis A I, 2003. Liakopoulou-Kyriakidou maria. removal of As (V) from wastewaters by chemically modified fungal biomass [J]. Water Research, 37 (18): 4544-4552.

Ma L Q, Komar K M, Tu C, et al., 2001. A fern that hyperaccumulates arsenic [J]. Nature: International Weekly Journal of Science, 409 (6820): 579.

Maeda S, Nakashima S, Takeshita T, et al., 1985. Bioaccumulation of arsenic by freshwater algae and the application to the removal of inorganic arsenic from an aqueous phase. Part II. By chlorella vulgaris isolated from arsenic-polluted environment [J]. Separation Science and Technology, 20 (2-3): 153-161.

Mahimairaja S, Bolan N, Adriano D C, et al., 2005. Arsenic contamination and its risk management in complex environmental settings [J]. Advances in Agronomy, 86 (5): 1-82.

Mamtaz R, Bache D H, 2000. Low-cost separation of arsenic from water: With special reference to Bangladesh [J]. Water and Environmental Management Journal, 14 (4): 260-269.

McBride B C, Wolfe R S, 1971. Biosynthesis of dimethylarsine by Methanobacterium. [J]. Biochemistry, 10 (23): 4312-4317.

Naidu R, Pollard S J T, Bolan N S, et al., 2008. Chapter 4 Bioavailability: The underlying basis for risk-based land management [M]. Developments in Soil Science, 32: 53-72.

Nanthi S, Bolan D C, Adriano S M, 2004. Distribution and bioavailability of trace elements in livestock and poultry manure by-products [J]. Critical Reviews in Environmental Science and Technology, 34 (3): 291-338.

Neku A, Tandukar N, 2003. An overview of arsenic contamination in groundwater of Nepaland its removal at household level [J]. Journal de Physique IV (Proceedings), 107: 941.

Osborne F H, Enrlich H L, 1976. Oxidation of arsenite by a soil isolate of *Alcaligenes* [J]. The Journal of applied bacteriology, 41 (2): 295-305.

Outridge P M, Noller B N, 1991. Accumulation of toxic trace elements by fresh-water vascular plants [J]. Reviews of Environmental Contamination and Toxicology, 121: 1-63.

Peryea F J, 1991. Phosphate-induced release of arsenic from soils contaminated with lead arsenate [J]. Soil Science Society of America Jornal, 55: 1301-1306.

Peryea F J, Kammereck R., 1997. Phosphate-enhanced movement of arsenic out of lead arsenate-contaminated topsoil and through uncontaminated subsoil [J]. Water, Air and Soil Pollution, 93 (1-4): 243-254.

Philips S E, Taylor M L, 1976. Oxidation of arsenite to arsenate by Alcaligenes faecalis [J]. Applied and environmental microbiology, 32 (3): 392-399.

Pickering I J, 2000. Reduction and Coordination of Arsenic in Indian Mustard [J]. Plant Physiology, 122 (4): 1171-1177.

Qafoku N P, Kukier U, Sumner M E, et al., 1999. Arsenate displacement from fly ash in amended soils [J]. Water, Air and Soil Pollution, 114 (1): 185-198.

Qing Q J, Bal R S, 1994. Effect of different forms and sources of arsenic on crop yield and arsenic concentration [J]. Water, Air and Soil Pollution, 74 (3-4): 321-343.

Raskin I, Smith R D, Salt D E, 1997. Phytoremediation of metals: using plants to remove pollutants from the environment [J]. Current Opinion in Biotechnology, 8 (2): 221-226.

Robinson B, Greven M, Green S, et al., 2006. Leaching of copper, chromium and arsenic from treated vineyard posts in Marlborough, New Zealand [J]. Science of the Total Environment, 364 (1-3): 113-123.

Tokunaga S, Hakuta T, 2002. Acid washing and stabilization of an artificial arsenic-contaminated soil [J]. Chemosphere, 46 (1): 31-38.

Tu C, Ma L Q, 2002. Effects of arsenic concentrations and forms on arsenic uptake by the hyperaccumulator *Ladder Brake* [J]. Journal of Environmental Quality, 31 (2): 641-647.

Tu C, Ma L Q, 2003. Effects of arsenate and phosphate on their accumulation by an arsenic-hyperaccumulator *Pteris vittata* L [J]. Plant Soil, 249: 373-382.

Tu C, Ma L Q, Bondada B, 2002. Arsenic accumulation in the hyperaccumulator Chinese brake and its utilization potential for phytoremediation [J]. Journal of Environmental Quality, 31: 1671-1675.

Tuin B J W, Tels M, 1991. Continuous treatment of heavy metal contaminated clay soils by extraction in stirred tanks and in a countercurrent column [J]. Environmental Technology Letters, 12 (2): 179-190.

Wakao N, Koyatsu H, Komai Y, et al., 1988. Microbial oxidation of arsenite and occurrence of arsenite-oxidizing bacteria in acid mine water from a sulfur-pyrite mine [J]. Geomicrobiology Journal, 6 (1): 11-24.

Wang J R, Zhao F J, Meharg A A, et al., 2002. Mechanisms of arsenic hyperaccumulation in *Pteris vittata*: Uptake kinetics, interactions with phosphate, and arsenic speciation [J]. Plant Physiol, 130: 1552-1561.

Woolson, 1977. Generation of alkyl arsines from soil [J]. Weed Science, 25 (5): 412-416.

Xie Z M, Huang C Y, 1998. Control of arsenic toxicity in rice plants grown on an arsenic-polluted paddy soil [J]. Communications in Soil Science and Plant Analysis, 29 (15-16): 2471-2477.

Yoshida I，Kobayashi H，Ueno K，1976. Selective adsorption of arsenic ions on silica gel impregnated with ferric hydroxide [J]. Analytical Letters，9 (12)：1125-1133.

Yuan T，Hu J Y，Ong S L，et al.，2002. Arsenic removal from household drinking water by adsorption [J]. Journal of Environmental Science and Health，Part A，37 (9)：1721-36.

Zhang W，Cai Y，Tu C，et al.，2002. Arsenic speciation and distribution in an arsenic hyperaccumulating plant [J]. Science of the Total Environment，300 (1-3)：167-177.

图书在版编目（CIP）数据

农产品生产加工中砷的迁移与控制/王锋，何振艳，顾丰颖主编 .—北京：中国农业出版社，2022.4

ISBN 978-7-109-28333-6

Ⅰ.①农… Ⅱ.①王… ②何…③顾… Ⅲ.①农产品生产—砷—重金属污染—研究②农产品加工—砷—重金属污染—研究 Ⅳ.①X560.6

中国版本图书馆 CIP 数据核字（2021）第 110819 号

中国农业出版社出版

地址：北京市朝阳区麦子店街 18 号楼

邮编：100125

责任编辑：阎莎莎 文字编辑：郝小青

版式设计：杨 婧 责任校对：沙凯霖

印刷：中农印务有限公司

版次：2022 年 4 月第 1 版

印次：2022 年 4 月北京第 1 次印刷

发行：新华书店北京发行所

开本：787mm×1092mm 1/16

印张：8.5

字数：190 千字

定价：49.00 元
